ノーコードでつくる Webサイト

ツール選定・デザイン・〜〜〜運用が
全部わかる!

佐藤あゆみ 著

JN007648

エムディエヌコーポレーション

■ 免責事項

本書に掲載した会社名、製品名、プログラム名、システム名、サービス名等は一般に各社の商標または登録商標です。本文中では™、®は必ずしも明記していません。

本書は2023年11月現在の情報を元に執筆されたものです。これ以降の仕様等の変更によっては、記載された内容（技術情報、固有名詞、URL、参考書籍など）と事実が異なる場合があります。本書をご利用の結果生じた不都合や損害について、著作権者及び出版社はいかなる責任を負いません。あらかじめご了承ください。

はじめに

　本書をお手にとっていただき、ありがとうございます。

　この本をご覧いただいたということは、「Webサイトを効率よく制作したい」「できるだけカンタンに、運用する人が更新できたら…」といった思いをお持ちの方も多いでしょう。

　過去には、その思いに応えるために、様々なWebサイトビルダーや、CMS（コンテンツ管理システム）が誕生しました。しかしながら、それらを使っても、サイトの制作時には難しいコードを書く必要があったり、思い通りのデザインや必要な機能を実現できなかったり、Webサイトの特定の場所しか更新できなかったり、システムのメンテナンスが必要だったり、まだまだ手のかかる部分が残っていました。

　そして、様々な企業がこれらの課題と向き合った結果、近年になって、今までの難点を解消できる「ノーコードWeb制作プラットフォーム」が生まれました。

　この本は「ノーコードWeb制作の入門向け」の一冊です。ツールの選び方や運用に関して、また、代表的なノーコードプラットフォームの一つであるSTUDIOでイチからページを作る方法を掲載しています。

　私がSTUDIOコミュニティで、およそ3年間にわたり多くの質問に答えてきた経験をもとに、初めてノーコードWeb制作を始める方々が悩みがちなポイントについて解説しています。

　また、今回は、活用事例の寄稿も頂きました。複数の視点からの利用方法や体験談をご紹介することで、幅広い方々にノーコードをご活用いただくヒントになればと考えています。

　制作者やクライアント、そして個人の趣味にまで広がる、ノーコードWebサイト制作の可能性を開く一冊になればという思いを込めて執筆しました。2023年現在、ノーコードWeb制作に関する書籍やオンライン講座はまだまだ少ない状況ですが、この本がその空白を埋める一助となれば幸いです。

2023年11月

佐藤あゆみ

CONTENTS

はじめに 3

本書のサンプルサイトについて 8

| Intro duction | なぜ、いまノーコードで Web制作？ | 9 |

01 「ノーコード」でWebサイトを作る時代がやってきた 10

02 ノーコードツールを大きく2つに分類してみる 14

| Chapter 1 | ノーコードWeb制作の 基本知識 | 17 |

01 ノーコードツールで作れるもの、できないこと 18

02 ノーコードWeb制作のメリットとデメリット 25

03 Web制作の基本知識① コンテンツ、デザイン 30

04	Web制作の基本知識② ドメイン、メール	36
05	Web制作の基本知識③ SEO	40
06	Web制作の基本知識④ HTML、アクセシビリティ	47

Chapter 2 ノーコードツールの選び方　51

01	ノーコードツールの分類と特徴	52
02	Wix	56
03	STUDIO	62
04	ペライチ	67
05	WordPress	72
06	その他のツール	77
07	ノーコードツールの選定基準	84

Chapter 3 ノーコードツールの運用事例　87

| 01 | ケーススタディ① Wix | 88 |

02	ケーススタディ② STUDIO／Wix	92
03	ケーススタディ③ STUDIO	96
04	ケーススタディ④ ペライチ	100
05	運用管理とマニュアル作成	103

Chapter 4 STUDIOでWebサイトを制作 109

01	ノーコードツールでサイトを制作するためのステップ	110
02	ノーコードツールを使ってWebサイトを作ってみよう	120
03	新規登録・ログイン	123
04	STUDIOの管理画面	129
05	画像ボックスの使い方	136
06	テキストボックス	143
07	ボックスとレイヤー	149
08	レスポンシブ設定	157
09	セクション	167
10	リッチテキストボックス	169
11	画像とテキストのアレンジ	175
12	コンポーネント	181
13	アイコンボックス、リスト	184
14	Embedボックス	190

15 フォーム、プレビュー 193

16 リンク、固定配置 201

17 サイト設定、公開 209

18 アニメーション、その他 213

巻末：ノーコードWeb制作に役立つリンク集 221

執筆者プロフィール 223

本書のサンプルサイトについて

　本書の解説（Chapter4）で制作しているサンプルサイトは、下記の URL から閲覧いただけます。

URL

▼ サンプルサイトへのアクセスURL (STUDIO)

https://nocode-book.com/sample

▼ サンプルサイトへのアクセスURL (エムディエヌコーポレーションのWebサイト内)

https://books.mdn.co.jp/down/3223303034/

【注意事項】
- 本書で提供しているサンプルサイトは、本書の解説内容をご理解いただくために、ご自身で試される場合にのみ使用できる参照用データです。その他の用途での使用や配布などは一切できませんので、あらかじめご了承ください。
- サンプルサイトの著作権は制作者に帰属します。
- 本書の解説内容を実行した結果については、著者および株式会社エムディエヌコーポレーションは一切の責任を負いかねます。お客様の責任においてご利用ください。

なぜ、いま
ノーコードで
Web制作？

これまでWebサイトの制作過程では、HTMLやCSS
などのソースコードを記述してWebページを作り
上げる「コーディング」が不可欠でした。「ノーコード
ツール」の普及によって、コーディングができなくても
Webサイトが作れる時代が来ています。

「ノーコード」でWebサイトを作る時代がやってきた

昨今「ノーコード」という言葉を耳にする機会が増えています。コーディングやプログラミングの専門的な技術の知識がなくても、Webサイトやアプリケーションを公開できる時代が到来しています。

▶ 「ノーコードツール」が生まれるまで

ノーコードツールとは、**プログラミングなしでWebサイトやアプリケーションを作成できるサービス・ツール**のことを指します。ノーコードツールを使用すると、画面上に表示されるアイテムをドラッグ&ドロップしたり、用途に合わせて用意されたテンプレートを編集するだけで、Webサイトやアプリケーションを作成できます。

■ はじまりは「Webサイトビルダー」

まだインターネット(WWW)が広く普及していなかった1990年代中盤、Webサイトを作成するにはHTMLを習得し、ソースコードを書く必要がありました。1990年代後半〜2000年代に入り、一般にもWebサイトを閲覧するという行動が普及しはじめるにつれ、ソースコードを書かずに(書けなくても)Webサイトを公開したいという需要が生まれます。そして、Netscape Composerやホームページビルダー、iWebなど、いわゆるホームページを作成するツールである**Webサイトビルダー**が登場しました。ノーコードWeb制作ツールの原点は、このWebサイトビルダーにあります。

Webサイトビルダーは**WYSIWYG**エディターとも関連しており、同一のものとして扱われることもありました。それまでは

コードを書き、それをブラウザで表示することでWebサイトのデザインを確認していましたが、WYSIWYGエディター(Webサイトビルダー)を使うことで、**コードを書かなくても画面上で直接デザインを確認できる**ようになりました。これらのWebサイトビルダーは、PCにソフトをインストールして利用するタイプのもので、PC上で完成したファイルをFTPソフトなどを利用してWebサーバーにアップロードし、公開していました。

当時のWebサイトは今よりもシンプルで、機能が少なく、HTMLの限られた要素や視覚表現で構成されていました **[図1]**。Webサイトビルダーも、そのような比較的シンプルなWebサイトを作成するためのツールとして愛用されていました。ただし、一定以

上の凝った表現をしようとすると、やはり
コードを書く必要があり、Webサイトビル
ダーは限られた一部のユーザーへの普及に
留まっていました。

[図1] 1997年のエムディーエヌコーポレーションのWebサイト

テキストリンクや画像など、HTMLのシンプルな要素で構成されている

■ 複雑で高度になっていくWebデザイン

　その後、スマートフォンが登場し、ほど
なくしてレスポンシブWebデザインという
概念が普及しはじめました。レスポンシブ
Webデザインは、Webサイトを閲覧するデ
バイスの画面サイズに応じて、Webサイト
のレイアウトや表示内容を自動的に変更し
て、それぞれの画面幅に合わせたデザイン
を出し分ける技術です。

　レスポンシブWebデザインの登場でWeb
サイトのデザイン方法がより複雑になり、
構築方法も高度化します。当時のWebサイ
トビルダー上でもレスポンシブWebデザイ
ンを実現するのは難しく、コードを書いて
のWeb制作が一般的でした[図2]。

[図2] 2023年のエムディーエヌコーポレーションのWebサイト（左：PC表示、右：スマートフォン表示）

スマートフォン表示にも対応している。キービジュアルが自動的にスライドしたり、
クリックに応じてバナーがスライドし、Webサイト内を検索できる

■ より身近で手軽になるWeb制作

　一方で、Web技術の進化により、Webアプリケーションも発展していきました。Webアプリケーションとは、**Webブラウザ上で動作するアプリケーション**のことです。例えば、オンラインショップやオンライン予約システムなどがあります。そして、これまでPCにソフトをインストールして利用していたWebサイトビルダーも、**Webブラウザ上で動作するWebアプリケーションに進化**しました。

　Webアプリケーションは、インストール型のアプリケーションと比較して、ソフトウェアをアップデートしやすく、Web技術の進歩に適応しやすいというメリットがあります。それぞれのツールがアップデートを繰り返した結果、これまで難しかったレスポンシブWebデザインへの対応も実用的なレベルに達しました。

　ツールによっては、**複数の人が同時に編集**でき、Webサイトの編集作業を分担して進められます。例えば、Webサイトのデザインを担当する人と、コンテンツを担当する人がいる場合、それぞれが同時に編集しながら作業を進められます。

　同時に、Webサイトビルダーが**Webサイトのホスティングサービスも兼ねる**ようになり、作成した**Webサイトをワンクリックで公開できる**ようになりました。今までは、何か情報を書き換えたい場合は、PC上にあるファイルを書き換えてからアップロードする必要がありましたが、これらのツールでは、Webサイトビルダーのツール画面で文言を書き換えた後にワンクリックで更新でき、作業効率も改善しています。

　Squarespace（スクエアスペース）、Wix（ウィックス）、Jimdo（ジンドゥー）、比較的最近のも

のではWebflow（ウェブフロー）やSTUDIO（スタジオ）などがその代表的なツールです[図3]。本書では、この進化以降のツールを「ノーコードWeb制作ツール（ノーコードツール)」と呼んでいきます。ノーコードツールの誕生により、**Webサイト制作がより身近で手軽なものに**なってきているのです。

[図3] ノーコードツール「Wix」のデザイン編集画面

ノーコードツールを
大きく2つに分類してみる

ひとくちに「ノーコードツール」といっても数多くのものがあり、ツールを使って何を作成するか、どんな機能を実現するかによって、いくつかの系統に分類されます。ここではノーコードツールの2つの系統を見ていきます。

2系統のノーコードツール

　ノーコードツールは大きく2つの系統に分けられます。一つはWebアプリケーションを作成するためのもの、もう一つはWebサイトを作成するためのものです。

■ Webアプリ系のノーコードツール

　Webアプリケーション系のノーコードツールは、**データベースへのデータ入出力ができるようなアプリケーションを開発できる**ツールです。Adalo（アダロ）**[図1]**やBubble（バブル）**[図2]**などがこれにあたります。また、オフィス業務に向けたツールでは、日本発のkintone（キントーン）もこれにあたるでしょう。コンポーネント（部品）を画面上で組み合わせてアプリケーションを作成でき、ツールによっては外部のシステムと連携してアプリケーションを拡張できます。

[図1] Adaloの画面

チャットツール制作用テンプレートの編集画面。
何のデータを表示するかを設定している
https://ja.adalo.com/

［図2］Bubbleの画面

プラグインのインストール画面。Googleなど外部のアカウントと連携できる
https://bubble.io/

■ Webサイト系のノーコードツール

Webサイト系のノーコードツールは、主に情報提供やブランディングを目的とする、**Webサイトを作成するためのツール**です。WixやSTUDIOなどのプラットフォームでは、テンプレートを利用して、美しいデザインのWebサイトを迅速に構築できます。ツールによっては、テンプレートを使わずに自分でイチからデザインを制作・構築でき、コードを書いた場合と区別がつかない仕上がりになります。

WebアプリとWebサイトの違い

WebアプリケーションとWebサイトの主な違いは、**機能性や、ユーザーの操作を受け付けるかどうか**のインタラクティブ性にあります。

Webアプリケーションの例には、プロジェクト管理ツールやCRM（顧客管理ツール）、ネットバンキング、検索エンジン、EC（通販サイト）、口コミ投稿サイトなどがあります。ユーザーからの入力を受け付け、その結果を画面に表示したり、データベースの内容を書き換えながら、役割を果たすものです。

一方、Webサイトはあらかじめ決められた情報を画面に表示することを目的としており、ユーザーの文字入力などによって画面に表示する内容が変化するようなことは原則としてありません。

もっとも近年では、インタラクティブ性を持ったWebサイトや、スマートフォンアプリを模したインターフェースのWebサイトが増えており、**Webアプリケーションとwebサイトとの境界線があいまいになっています**。また、Webサイトであっても、サイト内を検索できる機能など、部分的に

Webアプリケーションと呼べる機能がついていることもあります。Wcbサイト系のノーコードツールにおいても、本来はWebアプリケーションの枠に入るような、予約管理システムやECサイトを構築できるツールがあります。

ツール選びの際は、何を目的としてWebサイトを作るのか、**どんな機能が必要なのかを事前によく検討し、対応できるツールを選ぶ**ことが大切です。

▶ ノーコードとローコード

ノーコードとローコードは両方とも、プログラミング知識が少ない、あるいはまったくない人々がWebサイトやアプリケーションを作成できるようにする技術という点が共通しています。

ノーコードツールは、制作物が完成するまでの間、**ユーザーがコードをまったく書かずに、ドラッグ&ドロップなどの動作のみで制作できる**ように設計されています。これに対して、ローコードツールは、**要素のドラッグ&ドロップ操作と従来のソースコードを記述する作業を組み合わせて、**より複雑な機能を追加したり、カスタマイズが行えるようになっています。

ノーコードとローコードではそれぞれ、

適した用途とユーザー層が異なります。**ノーコードツールは主にビジネスユーザーやデザイナー向け、一方ローコードツールはすでに一定のプログラミング知識を持つ開発者や技術者向け**です。

特にWebアプリケーションを作る場合、ノーコードツールでは手軽に制作できる反面、ツールでできる操作の組み合わせだけでは複雑な動きや外部との連携を実現できない場合があります。ローコードツールであれば、複雑な動きも任意のプログラムを書いて動作させられるため、特定の要件がある業務用アプリケーションなどでも対応できる範囲が広がります[図3]。

[図3] ローコードプラットフォーム「Pipedream」の設定画面

メッセージを整形する処理をコードで書き、以降の処理はコードを書かずに進めている
https://pipedream.com/

1

ノーコード
Web制作の
基本知識

従来のWebサイト制作とノーコードでのWeb制作
は、どのように違うのでしょう？ それを理解するため
に、まずはそもそものWeb制作の基本的な制作工程
や、ノーコードツールのメリット／デメリット、ノーコー
ドが各工程に与える影響などを見ていきます。

ノーコードツールで作れるもの、できないこと

ノーコードツールを使うと、具体的にどのようなWebサイトを制作できるのでしょうか。あるいは、ノーコードツールでは作れない類のサイトはあるのでしょうか。

ノーコードツールで作れるもの

まずノーコードツールを使って作成できるものを見ていきましょう。

■ コーポレートサイト

コーポレートサイトは、**企業や組織が自身の情報やビジネス活動に関する情報を発信するための**Webサイトです[図1]。会社概要、製品やサービスの詳細、プレスリリースや、企業の連絡先を掲載することで、ビジネスを発展させることを目的としています。

[図1] コーポレートサイトの例

ウニノミクス株式会社のWebサイト
（制作ツール：STUDIO）
https://www.uninomics.co.jp/

■ ブランドサイト

ブランドサイトは、**特定のブランドや商品を宣伝・紹介するためのWebサイト**です。ブランドのストーリー、製品やサービスの特徴を詳細に伝えます。また、キャンペーン告知やお客さまの声などを掲載することもあります。

前述したコーポレートサイト内のコンテンツとして各ブランドを紹介することもできますが、ブランドサイトを別途作成することで、コーポレートサイトではできない独自のデザインレイアウトを適用できます。

単独のWebサイトとしてのトップページや導線を持てることで、プロモーションもしやすくなり、ブランドのイメージをより強く印象付けられます。

■ 実店舗の案内サイト

店舗の場所や営業時間、商品のラインナップなどを掲載して、店舗への来店を促すことを目的としたものです。店舗の場所をGoogleマップなどの地図で表示したり、店舗の写真を掲載したりすることで、店舗の雰囲気を伝えることもできます **[図2]**。実店舗の場合、期間限定のセールの案内を掲載したり、悪天候や急な事情で営業できない場合など、**すぐにページを更新したいことも多いため**、手軽に更新できるノーコードツールは特に適しています。

一部のツールでは来店予約機能を備えていますが、ツール内に予約機能がない場合も、外部の予約専用サイトへリンクを貼って予約機能を実現できます。特に、ホットペッパービューティー※1やぐるなび※2などの、業種に特化した予約ポータルサイトは、メディア自身が広告としての作用を持っており、その集客効果を得つつ、店舗としての発信や信用を強化したい場合に、Webサイトと組み合わせることで相乗効果を狙うことがあります。

※1　https://beauty.hotpepper.jp/
※2　https://www.gnavi.co.jp/

[図2] 店舗サイトの例

名古屋のバイオリン工房
Studio Mora MoraのWebサイト
（制作ツール：STUDIO）
https://studio-moramora.com/

■ イベント告知サイト

ノーコードツールでは**オフラインやオンラインのイベント、ライブ、結婚式などのための専用Webサイト**も作れます[図3]。イベントの詳細、日程、申込フォームなどを設置して、イベント内容の周知や、イベントに対する集客効果を狙います。1ページで完結することも多く、このような1ページのWebサイトは**ランディングページ（LP）**とも呼ばれることがあります。

短期間で作成することが多く、さらに状況の変化に応じて情報をこまめに更新する必要があることも多いため、ノーコードツールが向いています。

[図3] 告知サイトの例

WHITE FRIDAY 2023 | FABRIC TOKYO
（制作ツール：STUDIO）
https://wf.fabric-tokyo.com/

■ ポートフォリオサイト

自身の作品や会社の制作実績・プロジェクトなどを展示するポートフォリオサイトも作成できます[図4]。写真やビデオ、テキストなどを用いて自分の仕事を効果的に紹介できます。ポートフォリオサイトは、掲載する内容のフォーマットがある程度定

[図4] ポートフォリオサイトの例

Reiko Fukuda Illustration（制作ツール：Wix）
https://www.fukudareiko.com/

まっているので、ノーコードツールに用意されているテンプレートを活用すると、効率よく作成できます。プロ作家の営業ツールとしてはもちろんのこと、趣味の自己表現のための作品を展示するWebサイトとしても活躍しています**[図5]**。

■ オンラインストア

　Wixなどでは、オンラインストア（ECサイト）を作成でき、**製品を販売**できます **[図5]**。ノーコードツールで用意されたシステムを利用すれば、ショッピングカートシステムやクレジットカード支払いなどの機能を備えたベーシックなオンラインストアを構築できます。

[図5] オンラインストアの例

Hakoneco Store（制作ツール：BASE）
https://hakoneco.necco.inc/

製品の売買をメインの目的としてWebサイトを作る場合は、BASEやSTORES、Shopify など、**オンラインストアに特化したツールを選ぶ**と、買い手によりきめ細やかなサービスを提供できます **[図6]**。ブランドサイトとオンラインストアを別々に作成し、商品の詳細な説明はブランドサイトで行い、オンラインストアでは販売に集中するといった使い分けも可能です。

[図6] オンラインストアを構築できる主なノーコードツール

ツール名	URL
Wix	https://www.wix.com/
BASE	https://thebase.com/
STORES	https://stores.jp/
Shopify	https://www.shopify.com/jp

■ ブログ・メディア

情報発信のためのブログ・メディアサイトも作成できます。ブログがメインのサイト構築はもちろんのこと、コーポレートサイトや実店舗の案内サイトなどに付随させる形で専門分野の情報を発信すれば、企業や店舗の専門性をアピールできます。レンタルブログサービスもありますが、ノーコードツールを使えば、**より自由度の高いレイアウトで、コーポレートサイト**などに**強く連携させる**形で作成できます。

COLUMN **ギャラリーサイトをヒントにする**

各ノーコードツールの公式Webサイトに掲載されている事例集やテンプレート集を見ると、そのツールを使ってどんなWebサイトを作れるかがよくわかります。

■ Wix ユーザー作成事例
https://ja.wix.com/explore/websites
■ STUDIOショーケース
https://showcase.studio.design/ja
■ Made in Webflow
https://webflow.com/made-in-webflow

ノーコードツールではできないこと

　ノーコードWeb制作ツールはとても多様なWebサイトを作成できますが、コードを書いてWeb制作をする場合と比べて、制約もあります。主に、次のような制約があります。

■ 高度なデザイン表現が必要なサイト

　ノーコードツールが提供する機能の範囲内でページを作成することになるため、非常に特殊な要件や特定のカスタマイズが必要な場合、ノーコードツールでは対応が難しい場合があります。例えば、**変則的なレ**イアウトを実現したい、**特定のフォント（書体）**を利用したい、**スクロール量に応じてアニメーションを変化させたい**などの場合は、対象とするノーコードツールでその表現ができるかどうかをあらかじめ調査しましょう。

■ 動的な機能を持つサイト

　ノーコードツールが機能として提供していない場合は、Webサイトに**動的な機能を持たせられない**ことがあります。特定のユーザーのみが閲覧できるようにする**アクセス制限や会員制サイト機能、予約機能、オンラインストア**などがこれにあたります。

■ 大規模なサイト

　ページ数が数千を超えるような規模のWebサイトは、より高度な情報管理が必要なため、ノーコードツールの持つ管理機能では対応できないことがあります。また、ページの公開前に承認フローを設ける必要があるであれば、承認フローの機能を備えていないツールは採用できません。

　ノーコードツールの中にも、エンタープライズプランなど、より高度なバックエンド管理、スケーリング機能を備えたサービスがあります。ただ、仮にノーコードツールを用いる場合でも、プランに応じてページの転送量やアクセス数、データ量の上限が定められているケースもあり、それを超えると追加料金が発生するものがあります。大規模なWebサイトを作成する場合は、対象のノーコードツールが**規模にあった性能を持っているか**を念入りに確認しましょう。

■ 印刷用の調整

Webページを印刷すると、ページの内容やプリンターによっては、レイアウトが崩れたり、文字が見えない状態で印刷されることがあります。ノーコードツールは**Web** **ブラウザ上での表示に特化している**ため、印刷内容の調整（印刷用CSSの設定）ができない場合が多いです。

まとめ

ノーコードツールを使えば、コーポレートサイトや店舗案内などのようなスタンダードなWebサイトを制作できます。また、ツールによっては、オンラインストアや、会員機能、予約サービス、ブログなどの機能を持つWebサイトも作成できます。しかし、その一方で、**特定の高度なニーズや要件に対応するためには、従来のようなコードを書く形式でのWeb制作が必要になる**ことが多いです。

02

ノーコードWeb制作の
メリットとデメリット

ノーコードツールは必ずしも万能なツールではありません。メリットとデメリットを知って、適材適所で使いこなしましょう。

メリット

まず、ノーコードツールを使ったWeb制作の利点を見ていきます。

■ 手軽にWebサイトを作れる

ノーコードツールの最大のメリットは、**手軽さ**です。豊富なテンプレートを使用することで、直感的にWebサイトを作成できます。もちろん、テンプレートをアレンジするだけではなくイチからオリジナルのデザインでページを制作することも可能です。また、パソコンに専用のソフトをインストールしなくても、**ブラウザから各ツールにアクセスするだけで制作・更新**できます。

ほとんどのノーコードツールは、パソコンを使って制作・更新する前提で作られていますが、Canvaなど一部のツールは、スマートフォンやタブレットなどのモバイル端末でも制作・更新ができます**[図1]**。

[図1] Canvaを使ってモバイル端末でページを更新

Canva：https://www.canva.com/ja_jp/websites/

従来型のWeb制作では、**CMS**を利用したり、メールフォームなどの動的なプログラムを設置する場合は、サイトの制作後にサーバーやプログラムのメンテナンスを定期的に行う必要がありました。メンテナンスを行わないと、セキュリティが脆弱になりWebサイトを書き換えられてしまったり、メールフォームを乗っ取られてしまったりするリスクがあります。一方、SaaS型のノーコードツールを利用すれば、セキュリティやサーバーのメンテナンスはツールの運営会社が行ってくれますので、安心してWebサイトを運営できます。

WORD

CMS
Contents Management Systemの略語。Webサイトの構築や、コンテンツの更新・運用を行うための管理システムのこと。

WORD

SaaS
Software as a Serviceの略語で、「サース」または「サーズ」と読む。サーバー側で稼働しているソフトウェアを、インターネットなどのネットワークを経由してユーザーが利用できる仕組み。利用者はソフトウェアを管理・メンテナンスする必要がない。

■ コストを抑えられる

ノーコードツールを利用すると、ソースの**コーディング**やサーバー管理などの**専門的なスキルを必要としなくなり**、初期費用や維持費用を抑えられ、**制作コストが低くなる傾向**があります。また、小規模なWebサイトであれば、企画やデザインからコーディングに至るまでの作業を一人で担えるため、チームでの作業に比べて、**コミュニケーションコストを抑えられます。**

Webサイトの制作では、一般的にデザインやコーディング以外にも、制作ディレクションや文章ライティングや写真撮影などにも費用がかかります。ノーコードツールを活用してコーディング費用を圧縮できた分、ほかに予算を割くこともあるため、トータルの制作費では必ずしも「ノーコード＝低コスト」となるわけではありませんが、ノーコードツールを利用すれば、コストを抑えられる可能性があることは間違いありません。

WORD

コーディング
coding。Webサイトの制作で、HTMLやCSSなどのソースコードを記述して、Webページを作ること。HTMLのコーディングを行うことを「マークアップ」とも呼ぶ。

■ 制作時間を短縮できる

ノーコードツールでは、**思い立ったアイデアを即座にデザインに反映しつつ、Webサイトとして公開できる**ため、制作から公開までの時間を短縮できます。従来の制作方法ではデザインを完成させてからコーディングを行う必要がありましたが、ノーコードツールを使うとデザインをそのままWebサイトに反映できるため、**コーディン**

グせずとも**デザインとコーディングを同時
に行うような結果**になります。

　Webサイトは、チラシや書籍などの印刷
物のデザインとは異なる性質を持っていま
す。デザインが表示される大きさや位置が
端末ごとに変わったり、ユーザーの操作に
反応してページを遷移したり、スクロール
などの動作に応じて表示が変わる、インタ
ラクティブな性質を持っています**[図2]**。

[図2] **制作から公開までのフロー**

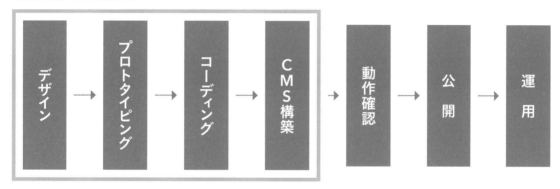

ノーコードツールならワンステップで行える

　従来型のWeb制作では、デザインツール
でデザインを完成させたのちに、コーディ
ングを行い、その後に改めて表示を確認し
ていました。このため、デザインツール上
で「良い」と感じられたデザインでも、実
際にWebページとしてパソコンやスマート
フォンに表示された時点で違和感が出てし
まったり、想定よりも字が小さくて読みに
くいなどの問題が発覚したり、といったこ
とがありました。かつて、このような場合
には、デザインツール上でデザインを直し
てからコーディングをやり直す必要があり、
時間の大きなロスに繋がっていました。さ
らには、デザインからコーディングに移る
時点で文章のコピー＆ペーストのミスが起
きたり、画像を入れ間違えたりといったミ
スが起きることもありました。

　ノーコードツールを使えば、**デザインを
すぐに実際のパソコン、スマートフォンな
どの画面で確認でき、調整できる**ため、こ
れらの時間のロスやミスがなくなります。

■ かんたんに更新できる

　ノーコードツールを使用すると、見たままの状態で直感的にページを編集できるため、**Webサイトの更新がラクになります。**また、今までは、「実際にページに文言を入れてみたら、想定していなかったデザイン崩れが出てきてしまい、見栄えが悪くなっ

てしまった。再度、別の文章案で更新しなおしたい」といったことが起きていましたが、ノーコードツールを使用すると、その場で見栄えを確認しながら作業できるため、そのような**更新前後のイメージのズレが発生しにくくなります。**

▶ デメリット

　利点も多いノーコードツールですが、万能ではありません。ここからはデメリットを見ていきます。

■ ロックインされる

　ほとんどのノーコードツールは、**Webサイトを書き出して、ほかのツールに移行することはできません。**そのツールにロックインされます。**選んだツールがサービスを終了したり、価格を大幅に変更したりする**と、Webサイトの運用に大きな影響を与え

る可能性があります。

　ただし、Webflowなど一部のツールでは、デザインからHTMLやCSSなどのコードを書き出せます。これらを利用すれば、緊急時にほかのサーバーに移行できたり、ロックインを回避できます。

[図3] Webflowではコードを書き出せる

■ 機能に制約がある

　ノーコードツールでは、そのツールが提供する機能の範囲内でのみページを制作できますので、**特定のデザインや特殊な機能を追加することが難しい**場合があります。また、デザインの一部を微調整したい場合でも、ツールで設定できる項目ではない場合は対応できません。

　一般に、特殊な機能を追加する場合は、従来型のWeb制作であっても追加の開発費用がかかることが多いものです。何かしらのこだわりがあり、そのための予算を確保できるのであれば、ノーコードツールを使わずに、従来型のWeb制作を行うほうが向いている可能性もあります。

■ チューンナップに制約がある

　ノーコードツールを利用したWebサイトは、快適な表示速度でWebページを閲覧できるよう、ツールの開発者によって、チューニングが施されています。多くの場合、これらの設定は**ツールの利用者間で共通化**され

ており、Webサイトによって表示速度をめぐる状況は様々ですが、サービス提供者によって構成が固定されているため、表示速度を最適化するための細かな調整はできません。

■ 連携できないサービスがある

　ノーコードツールで制作したWebサイトのデータを、ツールの外部から取得できない場合があります。この機能にツールが非対応の場合、例えば次のようなケースには対応できません。

- フォームから送信したデータを、別のサービスに直接連携して管理する
- Webサイトに掲載した商品情報を、Googleショッピング広告などの別のサービスと自動連携する
- ブログに掲載した情報を、カテゴリーごとにRSS配信して別サイトで利用する

Web制作の基本知識①
コンテンツ、デザイン

コードを書かないノーコードツールでのWeb制作でも、コード以外の周辺知識は必要になります。ここでは、Webサイトを作る上で特に重要な、コンテンツとデザインについて解説します。

成果を引き出すコンテンツを作るには

Webサイトの一番の要は「コンテンツ」です。コンテンツは「内容・中身」の意味で、**Webサイトに掲載する文章や画像、動画**などを指します。Webサイトはなんらかの目的を達成する手段の一つです。Webサイトを作る目的を明確にし、目標を立て、ターゲット層を理解することで、**成果を引き出せるコンテンツ**を作れるようになります。それでは、成果を引き出せるコンテンツとは、具体的にはどのようなものでしょうか。

例えば、美容院のサイトであれば、来店や予約を増やすことが目的になるでしょう。

その目的を果たすために、料金表や地図などの一般的なコンテンツのほかに、得意なヘアスタイルの一覧や、最寄り駅からの道順などのコンテンツを用意します。

コーポレートサイトであれば、会社や事業に興味がある顧客からの問い合わせを増やすことであったり、求人採用への応募を増やすことが目的になります。目的を果たすために、会社概要やサービス紹介などの一般的なコンテンツのほかに、業績を掲載したり、採用強化として従業員へのインタビューをコンテンツとして用意します[図1]。

[図1] コンテンツの例：エムディエヌコーポレーションの2つのWebサイト

コーポレートサイトでは商品情報や事業内容を載せている

オウンドメディアではニュース記事や解説記事などを掲載している

製品のサイトであれば、商品の販売数を増やしたり、また、カスタマーサポートの負荷を減らすことも目的になりえます。商品スペックなどの一般的なコンテンツのほかに、商品を様々なシチュエーションで取り扱う動画を掲載したり、よくある質問などのコンテンツを配信することで、目的を果たします。

そして、どのようなコンテンツを掲載すべきかのアイデアを引き出すために使えるツールがあり、その中でも有名なのは「**ペルソナ**」と「**カスタマージャーニーマップ**」です。

■ ペルソナ

Webサイトの**ターゲットユーザーとなる人物像を具体的に書き表したもの**です[図2]。具体的な人物像を定義することで、「この人はどんな毎日を送っているだろう」「この人だったらどんな行動をするだろう」という想像力を高められ、**ターゲットとなる特定のユーザー層に活用してもらえそうなコンテンツ案**を引き出せます。

[図2] ペルソナの例

口癖：「まあ、人それぞれだよね。」
名前：太田 壮一
年齢：42歳
性別：男
職業：IT企業の役員
年収：800万円
家族構成：独身
居住地：東京
趣味：バスケットボール鑑賞

東京都内で独身生活を送るIT企業の役員。年収800万円と安定した収入を得ているが、金銭よりも働きがいを大切にしている。
小学生のころからコンピュータに夢中で、大学でも情報科学を専攻。卒業後はいくつかのスタートアップで経験を積み、現在のIT企業に役員として参画。仕事の合間には、バスケットボールの試合を観るのが最高の楽しみ。特にチームプレイが成功する瞬間には、ビジネスにおける人材マネジメントの重要性を感じている。

写真提供：ぱくたそ(www.pakutaso.com)
(photo by すしぱく　model by 金子周平)

■ カスタマージャーニーマップ

ターゲットユーザーが、**目的とする製品やサービスの購入などにたどりつくまでの工程を可視化するツール**です[図3]。ペルソナと組み合わせて利用することも多いです。どんな気持ちや困りごとを抱えてWebサイトを見ているのか、その場合は**どの段階でどのようなコンテンツを見せれば次のステップに進んでもらえそうか**、などの視点からコンテンツ案を引き出せます。

[図3] カスタマージャーニーマップの例

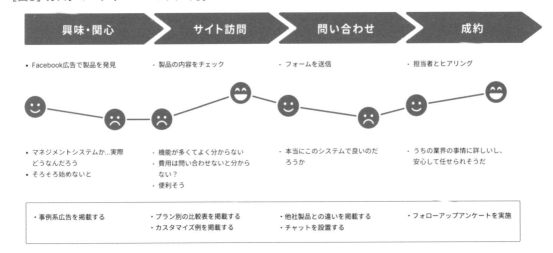

デザインを完成させるには

Webサイトにどのようなコンテンツを掲載するかを検討したあとは、具体的なデザインが必要になります。デザイン（design）は、日本語に訳すと「設計」という意味です。一つのWebサイトで複数の目標を達成したい場合も多くありますので、それぞれのターゲットに適した導線を持てるようなコンテンツ設計、デザインを行っていきます。

まずは**サイトマップでWebサイト全体の骨格を決め**、**ワイヤーフレームでWebページの骨格を決め**、**プロトタイピングで骨格がうまく動くかを確かめて**から、**表層デザイン（色選定や装飾）で肉付け**をして、デザインを完成させます**[図4]**。デザインというと、

[図4] Webサイトを作る工程

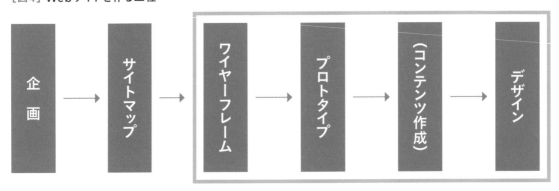

ノーコードツールならワンステップで行える

表層デザインだけを思い浮かべる方が多いのですが、Web制作会社では広く上記のようなフローを経て制作しています。

しかしながら、必ずしもこの工程で制作する必要はありません。特にノーコードツールを利用する場合は、ツールに慣れていれば**ワイヤーフレーム〜表層デザインまでを1工程に圧縮する**ことも可能です。それがノーコードなWeb制作です。何かうまくいかないときには、「そういえば情報を俯瞰したり、整理する方法があったな」と思い出して取り組んでください。

まったく**デザイン経験がない場合**は、まずは**各プラットフォームで用意されているテンプレートを利用するのがおすすめ**です。製品やサービスに合うようなテンプレートが用意されており、それぞれ一般的なニーズを満たせるようなデザインが施されているため、構築時間を短縮できます。また、AIを用いて自動的にデザインを提案できるツールもあります。

■ ハイレベルサイトマップ ────────

サイトマップは、**Webサイトの全体構造を表す図や表**です。ハイレベルサイトマップは、Webサイトの内容を俯瞰できる、**大枠の構造を表す図**です。ツリー型の図が主流で、主要なセクション分けやカテゴリー分け、ページの関係性を示します[図5]。

[図5] ハイレベルサイトマップの例

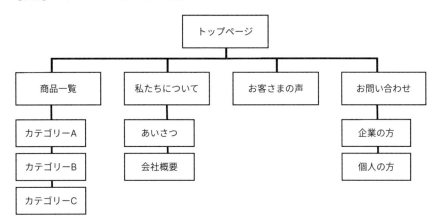

■ 詳細サイトマップ

詳細サイトマップは、より**詳細に情報を記入したサイトマップ**で、ページリストや、ディレクトリマップともいいます**[図6]**。実際のWebサイトに近い形になるよう、1ペー

ジ1行の形式で、各セクションやカテゴリーに属するページを列挙する形式が主流です。各ページの階層やURL、タイトルなどを記入します。

[図6] 詳細サイトマップの例

		階層1	階層2	title		description
トップページ		/		未来をつくる○○産業		○○産業は未来を創造する製品とサービスを提供しています。私たちの革新的なソリューションで、あなたのビジョンを実現しましょう。
商品一覧		/products		商品一覧｜○○産業		最高品質の製品を幅広いカテゴリーでご提供。お客様のニーズに応えるため、多様な製品を取り揃えています。
	カテゴリーA		/category-a	カテゴリーA｜商品一覧｜○○産業		カテゴリーAでは、○○に最適な製品を取り揃えています。
	カテゴリーB		/category-b	カテゴリーB｜商品一覧｜○○産業		カテゴリーBでは、○○に特化した高品質な製品を提供しています。
	カテゴリーC		/category-c	カテゴリーC｜商品一覧｜○○産業		カテゴリーCの製品は、○○に適した耐久性と性能を兼ね備えています。
	カテゴリーD		/category-d	カテゴリーD｜商品一覧｜○○産業		カテゴリーDは、○○に応じて設計された独自の製品ラインナップを持っています。
私たちについて		/about-us		○○産業について｜○○産業		○○産業は1985年に設立され、革新的な製品とサービスを提供しています。
お客さまの声		/testimonials		お客さまの声｜○○産業		私たちの製品とサービスがどのようにお客様の生活やビジネスに貢献しているのか、実際のお客さまの声をご紹介します。
お問い合わせ		/contact		お問い合わせ｜○○産業		ご質問やお見積もりについては、お気軽にお問い合わせください。
	企業の方		/corporate	お問い合わせ（企業の方）｜○○産業		ビジネスパートナーとして、特別なサービスやソリューションに関するお問い合わせはこちらから。
	個人の方		/individual	お問い合わせ（個人の方）｜○○産業		製品に関する一般的な質問やサポートが必要な場合は、こちらからお問い合わせください。

■ ワイヤーフレーム

ワイヤーフレームは、Webページの骨組みを表した図です**[図7]**。1ページごとに枠を作り、その中に、図を表す四角形や文字などを書き込み、どこに何を配置するかを決めていきます。

ワイヤーフレームを作る目的は、**ページのレイアウトを明確にし、どの要素をどこに配置するかを決め**、コンテンツを効果的に見せる方法を探ることです。紙に書く人もいれば、iPadなどのタブレット端末にペンで書いたり、PowerPointなどのツールを使ってパソコンで作成する人もいます。詳細なデザインを作成する前に、まずは一度Webサイトのコンテンツを俯瞰できるようにすることで、「必要なコンテンツを掲載し忘れた」といったミスを防ぐ役割もあります。

[図7] ワイヤーフレームの例

■ プロトタイピング

　プロトタイピングとは、Webサイトを実際に構築する前に、簡易版のプロトタイプを作成することです。ワイヤーフレームの状態では、ユーザーの実際の端末でのパーツの見え具合や、クリックしやすいか、文字サイズが適切かなどの使い心地がわかりません。それらの使い心地を検証するためにプロトタイプを作成します。Adobe XD（エックスディー）やFigma（フィグマ）などのデザインツールでプロトタイプを作成できます。

　ノーコードWeb制作においては、ツール上でワイヤーフレームやデザインを制作した時点から実際の端末で使い心地を試せるため、プロトタイピング用のツールは不要になります。

■ レスポンシブWebデザイン

　Webサイトは、スマートフォン、タブレット、デスクトップPCなど、様々なデバイスからアクセスされます。このため、どの画面幅でも見やすいレイアウトで表示できるよう、デザインを考慮する必要があります。これをレスポンシブWebデザインといいます[図8]。

　多くのノーコードツールでは、レスポンシブWebデザインに対応しています。テンプレートを利用する場合は、何も意識しなくてもすでにレスポンシブ対応されているでしょう。

[図8] **レスポンシブレイアウトの例**

PCでは横3列、タブレットでは2列、スマートフォンでは1列に表示して、画像が見やすくなるようにレイアウトしている

Chapter 1

ノーコードＷｅｂ制作の基本知識

Web制作の基本知識②
ドメイン、メール

Webサイトの裏側には「ドメイン」、「Webサーバー」、「IPアドレス」といったものが隠れており、Webサイトを公開するためには、それぞれの役割を理解する必要があります。

Webサイトが表示される仕組み

　普段私たちが目にしているWebページが表示されるまでに、裏側では目に見えないデータのやり取りが行われています。その仕組みを簡単に説明しましょう。

■ ドメイン

　ドメインは、**インターネット上でWebサイトを特定するための住所**にあたるものです。目的地とする家や土地を示すために住所を使うのと同じように、ドメインはインターネット上の「住所」として扱われます。筆者のWebサイトのURLである「https://pentaprogram.tokyo」の場合は、「pentaprogram.tokyo」部分がドメイン名にあたります。このURLのように、自分で決めた独自の名称で取得したドメインは、**独自ドメイン**と呼ばれることもあります。

　ドメインは、**ドメイン取得サービスから購入でき、年単位で更新が必要**です。ドメイン取得サービスはVALUE-DOMAINや

ムームードメイン、Cloudflare Registrarなど多数あり、サービスによって取得できるドメインの種類が異なります。ドメインは先着順での取得になるため、誰かがすでに所有しているドメインをほかの誰かが重複して所有することはできません。ただし、更新を忘れると、ドメインが失効し、ほかの誰かが取得できるようになってしまいます。

　サブドメインは、ドメインの一番左の部分に位置づけられるものです。例えば「https://blog.pentaprogram.tokyo」であれば、「blog」の部分にあたるものがサブドメインです**[図2]**。サブドメインを利用した「blog.pentaprogram.tokyo」は、「pentaprogram.tokyo」とは別のドメイン、住所として扱われます。**自分のドメインを所有していれば、サブドメインはいくつでも持てます**。これを利用して、別々のWebサイトを

[図1] ドメインはインターネット上の住所

URL

https://www.pentaprogram.tokyo/about/

ドメイン

「pentaprogram.tokyo」「blog.pentaprogram.tokyo」「shop.pentaprogram.tokyo」などの複数のサブドメイン名で公開できます。

[図2] サブドメインの例

URL

https://blog.pentaprogram.tokyo/

サブドメイン

■ Webサーバー

Webサーバーは、**Webサイトのコンテンツを保存してある場所**です。ドメインを住所に例えるならば、Webサーバーは建物そのものです。Webサイトにアクセスするユーザのリクエストに応じて、ページの内容や画像などのコンテンツを返答します。従来型のWeb制作では、多くの場合、レンタルサーバーサービスを契約して、Webサーバーを借り、そこにコンテンツのデータをアップロードしていました。SaaS型（→P.26）のノーコードツールでは、ツールはWebサーバー込みで提供されるため、Webサーバーを意識せずに利用できます。

■ IPアドレス

IPアドレスは、**インターネット上で各端末を一意に識別する番号**のことをいいます。IPアドレスは「76.76.21.21」のような形式を取ります。これまでドメイン名を住所に例えてきましたが、実はこのIPアドレスが本当の住所です。コンピューターは、この数字のIPアドレスをもとに、Webサーバーを見つけ、ページのデータにたどりつきます。IPアドレスは人間にとっては覚えにくいものです。そこで、わかりやすい住所の形式として、ドメイン名が利用されています。

ドメイン名とIPアドレスは、DNS（Domain Name System）と呼ばれる仕組みで紐付けられています。DNSは、ドメイン名をIPアドレスに変換するサービスです。DNSは、ドメイン名に応じてWebサーバーのIPアドレスを返答します。これにより、**ドメイン名を入力するだけでIPアドレスを知ることができ、IPアドレスをもとにWebサーバーにアクセスできる**ようになっています。

[図3] IPアドレスとWebサーバーの仕組み

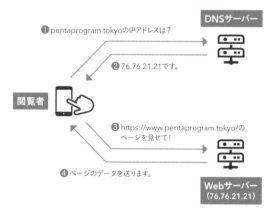

DNSサーバー

❶ pentaprogram.tokyoのIPアドレスは？

❷ 76.76.21.21です。

閲覧者

❸ https://www.pentaprogram.tokyo/のページを見せて！

❹ ページのデータを送ります。

Webサーバー
（76.76.21.21）

IPアドレスとドメイン名は1対1の関係ではなく、多対多の関係を取れます。つまり、1つのIPアドレスに複数のドメイン名を紐付けて、複数のWebサイトを同じWebサーバーで公開できます。また、1つのドメインに複数のIPアドレスを紐付けて、複数のサーバーを利用して負荷を分散することもあります。

なぜ独自ドメインを取得するのか

ノーコードツールでは、多くの場合ツールが提供する無償のサブドメインを利用してWebサイトを公開できるようになっています。このため、独自ドメインを取得しなくてもWebサイトを公開できます。

なぜ独自ドメインを取得するのかというと、**独自ドメインを取得すれば、より覚えやすく、短いURLでWebサイトにアクセスできるようになる**からです。また、独自ドメインを取得していれば、Webサイトと同じドメイン名でメールアドレスを持てます。

さらに、独自ドメインを取得していれば、何か事情ができて、ほかのノーコードツー

[図4] 独自ドメインはメールアドレスにも利用できる

URL
https://www.pentaprogram.tokyo/about/
ドメイン

メールアドレス
sato@pentaprogram.tokyo
ドメイン

ルやWebサーバーに移行する際にも、**WebサイトのURLを変更せずに引っ越せる**という大きなメリットがあります。

ノーコードツールのドメイン設定

ノーコードツール利用時のドメイン設定は、ツールによって設定方法が異なります。

一例としては、ドメインを取得後に、**ノーコードツールのドメインの設定画面で、ドメイン名を入力**して設定します。さらに、ドメインの設定には、WebサーバーのIPアドレスとドメイン名を紐付ける必要があるため、必ずDNSの設定が必要になります。DNSの設定は、ドメインを取得したサービスの管理画面で行います。ノーコードツールのドメイン設定画面などに表示される**IP**

アドレスを、ドメインのDNS設定画面でAレコード欄に入力します。

ドメイン設定は、その性質上、入力してすぐには反映されないことがあり、数時間から数日かかることがあります。これは、変更した設定内容が世界中のDNSサーバーに反映されるまでに時間がかかるためです。Webサイトを公開する際はこのことを考慮して、余裕を持ってドメイン設定を行うようにしましょう。

メールサーバー

独自ドメインを取得後、同じドメイン名でメールアドレスを持ちたいことがありま

す。この場合、一般に、**ノーコードツールとは別に、メールサーバーを提供するサー**

ビスを契約する必要があります。有名なメールサービスとしては、Gmailを独自ドメインで利用できる「Google Workspace」があります。

Webサイトのドメイン設定と同様に、メールアドレスもまた、DNSの設定が必要になります。メールサービスを契約後に管理画面で提供される**MXレコードなどの情報を、ドメインのDNS設定画面でMXレコード欄に入力**します。

近年、迷惑メール対策が強化されており、メールサーバーの情報がメール送信者のドメイン名と一致していない場合、メールが迷惑メールとして扱われることがあります。このため、メールサーバーのアドレスを、ドメインのDNS設定画面でSPFレコードとして入力することが推奨されています。メールサービスによってはDKIM認証にも対応しており、セキュリティを高められます。

WORD

DKIM認証
電子メールの送信元ドメインの認証技術。迷惑メールやなりすましメールなどの検知に有効で、メールの信頼性を上げる。

配信の最適化

Webサイトは世界中の様々な環境からアクセスできます。また、パソコンで見る人、スマートフォンで見る人など、閲覧している状況も様々です。このため環境によって、Webサイトが表示される速度が変わってしまうことがあります。例えば、日本からアメリカにあるサーバーにアクセスする場合、通信にかかる時間が長くなり、Webサイトの表示速度が遅くなることがあります。また、スマートフォンで見る場合、画面が小さいため、できれば見る人の端末の大きさに応じて画像の大きさを小さくしたり、より軽量に配信できる画像の形式に変換したりすることで、ダウンロードにかかる時間を少なくし、表示速度を速くしたいところです。

従来のWebサイトでは、これらの最適化は、ユーザが手動で行う必要がありました。しかし、**多くのSaaS型のノーコードツールでは、これらの最適化が自動的に行われます**。例えば、画像の最適化には、画像のサイズを小さくすることや、画像をCDNにアップロードすることが挙げられます。CDNは、全世界に分散されたサーバーネットワークで、ユーザに対して近い地点からWebコンテンツを高速に配信します。ノーコードツールを利用すれば、こういった**難しいことを意識しなくても、Webサイトの配信を最適化できます**。

Web制作の基本知識③
SEO

適切なSEOで、ターゲットユーザーにWebサイトを届けましょう。検索結果やSNSでWebサイトを魅力的に見せるために必要な知識を解説します。

SEOとは

Webサイトは、**ただ作って公開するだけでは、残念ながら誰にもアクセスしてもらえません。**制作したWebサイトをGoogleなどの検索エンジンの検索結果一覧に表示したり、効果的にシェアしてもらうための知識を学びましょう。

SEO（Search Engine Optimization）とは、検索エンジン最適化の意味で、WebサイトがGoogleを始めとする**検索エンジンで上位に表示されるための手法や戦略**を指します。もちろん、ノーコードツールでもSEOは可能です。まずは、検索エンジンにサイトの存在を知ってもらうことから始めましょう。

■ Googleサーチコンソール

Googleサーチコンソール[1]（以下、サーチコンソール）は、WebサイトがGoogle検索でどのように表示されるかを確認・管理するための無料のツールです。このツールを使うと、**XMLサイトマップ**を送信でき、GoogleにWebページの存在を知らせることができ

ます。

XMLサイトマップとは、サイト内のページのURLや最終更新日時などを記載したファイルです。多くのノーコードツールで自動生成でき、管理画面からURLを確認できます[図1][図2]。

※1　https://search.google.com/search-console/

［図1］STUDIOの設定画面でXMLサイトマップ
　　　URLを表示

［図2］サーチコンソールでXMLサイトマップのURL
　　　を送信する

■ Bing Webmaster Tools

Bing Webmaster Tools[2] は、Microsoft が提供する検索エンジンBing（ビング）での検索で利用できるWebマスターツールです

［図3］。サーチコンソールと同様の手順で、Bing Webmaster ToolsにXMLサイトマップを送信できます。

※2　https://www.bing.com/webmasters/

［図3］Bing Webmaster Toolsのログインページ

https://www.bing.com/webmasters/

Webページには、Webブラウザ上に表示されている情報以外にも、**ページのタイトルやメタ情報**を設定できます。ツールごとに設定方法が異なりますが、これらを設定することで、そのページにどんなコンテンツがあるのかを、ユーザーや検索エンジンに伝えられます。

また、SNS上で画像やWebページの説明文を表示するOGP（Open Graph Protocol）という規格もあります。WebページがSNS上でどのように表示されるかを決めるものです[**図4**]。ページの内容が伝わるような魅力的な説明文や画像を設定すると、SNSでシェアされたときの見栄えがよくなり、ページへのアクセスを増やせます。

[図4] **OGPの表示例**

FacebookでWebページの記事をシェア

■ タイトル

タイトルはその名の通り、Webページのタイトルです。タイトルを設定すると、ブラウザのタブ部分に表示されます。一般に、トップページには「サイト名とキャッチコピー」、それ以外のページには「ページタイトル｜サイト名」の形式で設定することが多いです。

○タイトルの設定例
- トップページ：「MdN｜デザインとクリエイティブを深掘りするWebメディア」
- ニュース一覧：「ニュース ｜ デザインを深掘り MdN」

■ ファビコン

ファビコンは、ブラウザのタブに表示されたり、検索結果の一覧にアイコンとして表示される画像です [図5]。何も設定しなければブラウザのデフォルトのアイコンが表示されます。

Googleのガイドラインでは、ファビコンの大きさとして48pxの倍数（48×48px、96×96px、144×144pxなど）が推奨されています[1]。

※1　検索結果に表示されるファビコンを定義する（Google 検索セントラル）
https://developers.google.com/search/docs/appearance/favicon-in-search?hl = ja

[図5] **タイトルとファビコンの表示例**

■ 説明文

説明文には、Webページの内容の概要を記入します。「メタディスクリプション」と表記されることもあります。これを記入すると、Googleの検索結果の説明文として採用されたり、SNSでの外部リンクカードに表示されます。また、ツールによっては、説明文とは別に、OGPの「SNS用の説明文（og:description）」を設定できる場合もあります。

ただし、Googleの検索結果では、「説明文」に入力する内容よりも、ページ内に文章として存在する文言が優先して表示される傾向があり、必ずしも入力した通りに表示されるとは限りません。

■ SNS用画像

SNS用の画像（og:image）をアップロードすると、SNSでシェアした場合にその画像をリンクカードに表示できます [図6]。ツールにより「カバー画像」「OGP image」などと表記されます。

[図6] SNS用画像と説明文の表示例：Xでシェアした場合

← SNS 用画像

← 説明文

一度、ページをSNSにシェアすると、**一定期間、画像や説明文の情報がSNSにキャッシュ（保存）されます**。画像や説明文の内容を更新した場合は、各SNSが提供しているツールで新しい情報を表示できるように更新する必要があります[**図7**]。

X（Twitter）でのシェアに関して、以前はCard validator ツールを用いてシェア画像を更新できましたが、2023年時点ではCard validator上でのカードプレビューや更新機能が廃止されており、更新できなくなっています。

[図7] SNS用OGP確認ツール

ツール名	URL
Facebook シェアデバッガー	https://developers.facebook.com/tools/debug/
LINE poker	https://poker.line.naver.jp/

構造化データ

　構造化データとは、Webページのコンテンツを検索エンジンが理解しやすい形式で提供するためのものです。構造化データを設定すると、ページ内のコンテンツを検索エンジンに正しく伝えられ、検索結果に**リッチリザルト**として表示されることもあります。ノーコードツールの一部では、構造化データの自動生成に対応していたり、専用の入力フォームが用意されていて、構造化データを取り入れられるようになっています。

　入力内容を自力で用意するのはコーディングに近い作業になるため、やや難しいかもしれませんが、構造化データのマークアップ支援ツール**[図8]**や、各ツールのヘルプページを参考にするとよいでしょう。

WORD

リッチリザルト
通常の検索結果はリンクやページの説明文がテキストで表示されるが、リッチリザルトでは画像などのテキスト以外の要素も合わせて表示されるため、視覚的に目立つ。

[図8] 構造化データ マークアップ支援ツール

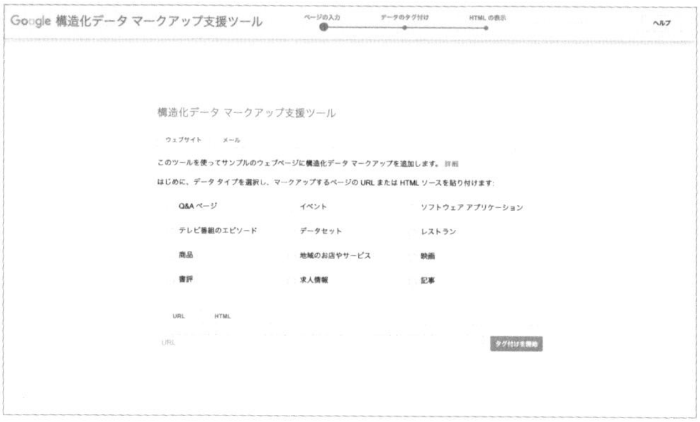

URLを貼り付けるかHTMLを貼り付ければ、構造化データを生成してくれる
https://www.google.com/webmasters/markup-helper/u/0/

検索エンジンは文字を読む

　検索エンジンは、主に**Webページ内の文字情報を利用して内容を解析します**。画像や動画も収集解析していますが、タイトルや構造化データを始め、基本となるのは文字情報です。このため、ページ内にほとんど文字情報がない場合は、解析する情報が少なすぎ、場合によっては不利になるでしょう。

　無理やり文章を増やす必要はありませんが、**情報が何もないスカスカのページでは、ターゲットにも何も伝わらない**でしょう。ターゲットユーザーに役立つコンテンツを増やすことで、SEOにも繋がっていきます。

現代のSEOに魔法の手段はない

Webサイトを公開していると「検索順位を上げます」という売り文句の営業電話やメールが届くことがあります。過去、1990年代後半〜2000年代には形式的なテクニックを使ったSEOが流行し、一定の効果を上げた時代がありました。ページ内にキーワードをたくさん埋め込んだり、外部のサイトから多数のリンクを張ってもらうといった手法です。現代ではこういった手法は効果がないばかりか、不正行為としてペナルティを受け、検索結果から除外されてしまうこともありますので、注意しましょう。

また、Google検索では、検索する人の端末の位置情報や、これまで閲覧してきた履歴などによって、検索結果の順位が変わります。検索順位に一喜一憂せず、見る人に役立つコンテンツを掲載していくことが、遠回りなようで確実な道です。

アクセス解析

アクセス解析ツールは、Webサイトの訪問者数や滞在時間、流入経路などのデータを収集・分析するツールです。ツールによっては、独自のアクセス解析ツールがデフォルトで設定されており、何もしなくても訪問者数のデータを閲覧できます。どのページがどのようにアクセスされているかなどの情報を参考にして、将来のコンテンツ作りに役立てます。

最も有名なアクセス解析ツールはGoogleアナリティクスで、ほとんどのノーコードツールで組み込みをサポートしています。Googleアナリティクスは、多様な情報を得られる反面、使いこなすのが難しいツールでもあります。アクセス数を知りたいだけであれば、ノーコードツールに用意されている解析だけでも十分かもしれません。

Web制作の基本知識④ HTML、アクセシビリティ

ノーコードツールを利用する上でも、最低限は押さえておきたいHTMLタグなどの「コードの話」と、アクセシビリティを向上させる方法について解説します。

HTMLとコーディング

ノーコードツールで生成したページも、生成後は通常のWebサイトと同じようにコーディング（→P.26）された状態になっています。Webサイトのコードの骨格を担うのがHTMLです。HTML（HyperText Markup Language）は、Webページを作成するためのマークアップ言語です。

HTMLでは、タグを用いて文章（テキスト）を囲むことで、**文字に特定の意味や構造を持たせられます**。ブラウザは、HTMLで書かれた文書を解釈して、テキストや画像、リンクなどの要素を画面に表示します。

○HTMLの例
<p>文章です。pで囲んだ部分は、段落を表します。</p>

HTMLタグを正しく使うと、検索エンジンなどに文書の構造を伝えやすくなります。**ノーコードツール上でも、テキストに**はタグを設定できるようになっています[※1]。様々なタグがありますが、ノーコードツールで最もよく使うタグは、**見出しタグ**（<h1> 〜 <h6>）です。

見出しタグは1から6までのレベルを持ち、ページ全体の構造を構成します。多くの場合、ページの主題やタイトルにあたるテキストに<h1>タグを設定します。そして、それ以下の見出しに、情報の階層構造に応じて<h2>、<h3>などを設定します**[図1]**。このとき、レベルをスキップしない構造を作る必要があります（例えば、<h1>のすぐ下に<h3>タグを記述するのは<h2>をスキップしたことになります）。見出しのほかにも様々なタグがあります。興味がわいた方はぜひ調べてみましょう。

※1　STUDIO の HTML タグについての説明例
https://help.studio.design/ja/articles/4064982

[図1] 見出しタグの使用例

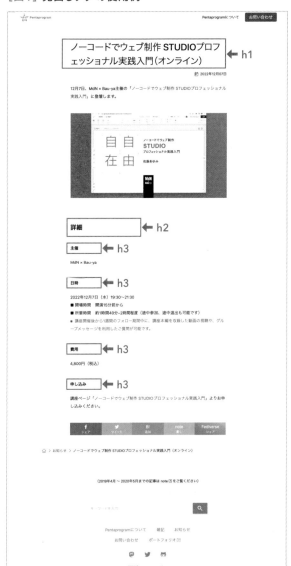

著者のブログ記事ページ。ページの主題となる記事タイトルに\<h1\>が設定され、配下の見出しには\<h2\>や\<h3\>が設定されている

アクセシビリティ

　アクセシビリティ（accessibility）とは、製品、サービス、環境などに対する、**すべての人々にとってのアクセスしやすさ**を指します。障害を持つ人々も使えるかどうかのほか、例えば老化によって小さな文字が読みづらくなったり、荷物を抱えていて両手を使えない状態などでもサービスを利用できるように考慮する必要があります。

ノーコードツールで制作するサイト上でも、マウスやタッチ操作のほかにキーボードでも操作できるなど、アクセシビリティを向上させるための機能が備わっています。また、HTML文書構造を意識してサイトを構築することで、これらの操作性も高まります。

ノーコードツールでアクセシビリティを高めるためによく使う機能としては、**代替テキスト(alt)**の設定があります。代替テキストは、**画像の内容をテキストで説明するもの**です。通常はWebサイト上には表示されませんが、画像が何らかの理由で表示できない場合に、代替テキストによって画像の内容を伝えることができます。データ通信が遅くて画像がなかなか表示されない場合に文字で画像の内容を確認できるほか、文章の読み上げ機能を使用する視覚障害者の方にとってのアクセシビリティも高まります。

すべての人々が閲覧できる使いやすいサイトになるように、適切な文字サイズを設定したり、文字がはっきりくっきり読める背景色を使うなど、デザイン面からもアプローチできます。また、動画コンテンツを掲載する場合は、字幕を用意したり、書き起こしを添えると、音を出せない環境にいる人のアクセシビリティが向上したり、検索エンジンがコンテンツの内容を解析するのにも役立ちます。

POINT

> ノーコードツールで可能なアクセシビリティ対応についてもっと知りたい方には、「STUDIO アクセシビリティ委員会」の公式マガジンがオススメです！
> ・STUDIO×アクセシビリティ
>   https://note.com/studio_design/m/mb40ab2856a4c

セキュリティ

不正アクセスからWebサイトを守るために、セキュリティ管理はとても重要です。Saas型のノーコードプラットフォームの場合、**プラットフォームがセキュリティ対策をしており、メンテナンスもプラットフォームで行ってくれる**ため、安心してサイト制作に取り組めます。

ただし、ツールにログインするためのパスワードが漏れてしまっては、どんな強固なセキュリティ対策も水の泡になってしまいます。ログインパスワードは、**ツールごとに別のパスワードを設定し、ほかの人とは共有しない**ことが重要です。また、同時に編集する場合、同じログインIDやパスワードを複数人で共有していると不具合が発生する可能性もあります。IDは一人一つ、パスワードは別々のものを設定しましょう。

画像作成をサポートしてくれるツール

Webサイトを制作していると、写真を加工したい、バナー画像を作りたい、SNS用の投稿画像を作りたい、Webサイトに埋め込む動画を作りたいなど、いろいろな要望が出てきます。

一部のノーコードツールでは、画像の加工やAIによる生成も可能ですが、多くの場合は、それぞれの目的に応じたツールを用いて加工することになります。プロ向けの有償ツールでは、Photoshop（写真加工）、Illustrator（ロゴやアイコン制作）、Premiereや After Effects（動画制作）などがあります【図1】。

無料のPC&スマートフォンアプリでも手軽に画像や動画の加工ができます。手軽な

マルチツールとしては、**テンプレートが豊富なCanva（キャンバ）**が人気です。サイト掲載用やSNS用の画像制作、動画編集、印刷用デザイン、Webページ制作まで1つのツール内で行えます【図2】。テンプレートの質の高さと使いやすさで、筆者の周囲のノンデザイナーに一番人気のツールです。本格的にアイコン制作に挑戦したい場合は、Figma（フィグマ）もオススメです【図3】。FigmaはWebデザインツールですが、ベクターアイコンの作成にも利用できます。有名なフリーアイコン「Font Awesome」[1]も、Figmaを使って制作されています。

※1　https://fontawesome.com/

[図1] プロ向けの画像・動画作成アプリケーション

アプリケーション	主な活用用途	URL
Photoshop	写真加工	https://www.adobe.com/jp/products/photoshop.html
Illustrator	ロゴやアイコン制作	https://www.adobe.com/jp/products/illustrator.html
Premiere	動画制作	https://www.adobe.com/jp/products/premiere.html
After Effects	動画制作	https://www.adobe.com/jp/products/aftereffects.html

[図2] Canvaのテンプレート例

https://www.canva.com/

[図3] Figmaのテンプレート例

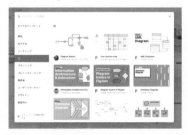

https://www.figma.com/

ノーコード
ツールの
選び方

ノーコードツールは必ずしもWebを作るためのものばかりではなく、アプリ開発や業務効率化を目的にしたものなど、多種多様です。本書がテーマとするノーコードWeb制作ツールにはどんなものがあるか、代表的なツールの特長や選び方を解説します。

Chapter2
01
ノーコードツールの
分類と特徴

一言でノーコードWeb制作ツールといっても、その機能やインターフェイスなどは様々です。ノーコードWeb制作ツールを選ぶ場合、そのツールがどのような機能や特徴を備えているかを確認します。

レイアウト方法

ノーコードWeb制作ツールは、大きく**自由レイアウト型**と**パーツ配置型**の2つの種類に分けられます。また、それぞれに**単機**能型から**多機能型**まで様々なツールが存在します[図1]。

[図1] ノーコードWeb制作ツールの区分

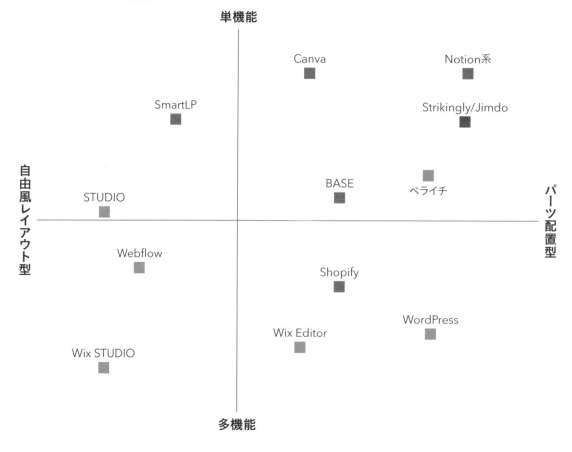

■ 自由レイアウト型

まっさらのキャンバスに対してデザイン要素を配置し、それぞれの要素の**デザインをピクセル単位で調整可能**なツールです[**図2**]。美しいデザインを追求できる反面、**Webデザインの知識が必要になることも多い**です。Figmaなどのデザイン専用ツールで制作したデザインをWebサイトに起こしたい場合はこちらのツールを主に利用します（もちろん、先にデザインを作らず、これらのノーコードツールでイチからデザインを作ることも可能です）。

自由レイアウト型のツールは、PCを使っての構築を前提としています。また、複数の操作パネルを開きながらデザインを編集するため、デザインを制作するディスプレイは大きければ大きいほど快適に操作できます。最低でも1920×1080px程度の解像度が望ましいです。ノートPCなどの小さな画面でも編集できますが、一部の操作メニューが表示できない可能性があるため、理想としては**4K、あるいはそれ以上の大きさのディスプレイで操作したい**ところです。

[図2] 自由レイアウト型ノーコードツールの例（STUDIO）

自由レイアウト型ノーコードツールでは、ピクセル単位でのレイアウト調整が可能
https://studio.design/ja

■ パーツ配置型

テンプレートやパーツ群から**必要なデザインを選んで配置する**ツールです。ツールそれぞれにレイアウトパターンが用意されており、ほとんどのツールでは文字色や背景、画像などの差し替えが可能になっています。あらかじめパーツごとにレスポンシブ設定がされており、**Webデザインの知識がなくてもページを構築可能**です。デザイ

ンが未定の状態で、ノーコードツール上でレイアウトしながら考えたい場合や、手早くサイトを構築したい場合に適しています。

その反面、細かなデザイン調整ができなかったり、パーツのアニメーション設定などを変更できなかったりすることがあります[**図3**]。自分が使いたいと思うレイアウトやパーツが揃っているかどうかを、あらか

じめ確認するとよいでしょう。テンプレートの一覧をツールのサイト上で確認したり、そのツールで制作されたサイトの事例一覧などを見ると、そのツールが得意とする傾向がつかめます。

パーツ配置型のツールは、自由レイアウト型と比べると、ディスプレイのサイズが小さめでも操作可能です。また、タブレットやスマートフォンを使った更新作業にも対応している場合があります。

[図3] パーツ配置型ノーコードツールの例（ペライチ）

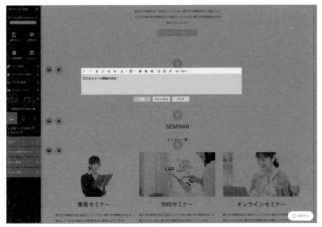

パーツ配置型ノーコードツールでは、配置したパーツの内容は編集可能だが、設定項目以外の調整はできない
https://peraichi.com/

多機能性と単機能性

それぞれのツールが多機能であるか単機能であるかも、ツール選択の判断基準になります。

■ 多機能

Webサイトによっては、フォーム機能やCMS機能、ショッピングサイト関連の機能などが必要になり、これらの機能をまかなえるものが多機能ツールです。また、Webサイトとしての機能以外にも顧客管理やアクセス解析など、Webサイトの運用にプラスして使える機能を備えている場合があります。これら**すべてを一箇所で取り扱える**ことで、**コスト削減に繋がったり、それぞれのデータを相互に利用してビジネスに役立てられます。**

その反面、管理画面が複雑になる傾向があり、すべてを活用しようと思うと習得に時間がかかります。また、それぞれの機能を単体で見ると、専用に作られた外部サービスと比べ、使い勝手が劣ることがあります。

■ 単機能

　単機能のノーコードツールは、特定のタスクや機能に特化しています。本書においては、**Webページを作成すること**が主な用途になります。シンプルなため、学習コストが低く、最初の一歩を踏み出すのに向いているツールです。

　単機能のツールを選んだ場合も、必要な場合は外部のツールを利用して機能をもたせ、そこにリンクする形をとれます。例えば、予約機能がないノーコードツールを利用する場合は、SelectTypeなどの予約サービスで予約部分を作成します。外部サイトを利用する場合は、ノーコードツールと外部サイトで別々のドメイン（サブドメイン）を利用する必要が生じるほか、それぞれで

ツールの料金がかかるデメリットがあります。しかしながら、それぞれの用途に特化した管理画面や機能を利用でき、導線も分けられることで、結果的に、利用者にとって満足度の高い仕上がりになる可能性があります。

　Webデザインスキルや制作スタイル、達成したい目標、そして予算に応じて、人それぞれにぴったりのノーコードツールがあります。**どのツールも無料プランや無料お試し期間があります**ので、気になったら、「思い立ったが吉日」「案ずるより産むが易し」の心で試してみましょう。

Wix

多彩かつ多様な機能性で、世界中で広く使われている、Wix。予約受付機能や、ネットショップ機能、メール管理やアクセス解析機能なども持つオールインワンツールです。

世界で3番目に多く使われているCMS

Wixは2006年にイスラエルで誕生した、老舗のノーコードWeb制作ツールです**[図1]**。プログラミングやデザインの知識がなくても、誰でも簡単にWebサイトを作れるプラットフォームとして始まりました。Wix純正の機能のほか、外部デベロッパーが制作する機能をアプリとしてWebサイトに追加でき、**ノーコードツールの中でも群を抜いた対応力**を誇っています。現在、全世界に2.4億人以上も登録ユーザーがおり、CMSとしては世界で3番目に多く使われているツールです。海外製のツールではあるものの、操作画面は日本語に完全対応しており、日本語でサポートを受けられます。

[図1] Wixの公式サイト

https://ja.wix.com/

こんな方におすすめ

Wixは次のような方におすすめです。

- ECや予約など、動的な機能を持ったWebサイトを作りたい
- Webデザイン未経験
- オールインワン派

Wixの大きな特徴は、初心者からWeb開発者まで広く対応できるよう、役割に合った制作ツールを用意していることです。**Web制作未経験の方はWixエディタ**、Web制作会社など複数のクライアントを管理したい方や、**デザインにこだわりがある方はWix Studio**から始めるのがオススメです。

■ Wixエディタ

テンプレートを使った制作を中心とした、初心者向けのツールです [図2]。Webサイトの作成時にいくつかの質問に答えると、Webサイトの雛形を自動で作成できます。数百ものパーツが用意されており、それらを組み合わせたり、動画や画像なども自由にアップロードしてアレンジできます。まるでPowerPointを扱うような操作感で、Web制作の経験がなくても直感的にアレンジできることが特徴です。**必要な機能を手**早く用意できることから、**プロにもWixエディタを愛用する方は多くいます。**

その反面、実現できるレイアウト表現には限りがあります。具体的な例を挙げると、レスポンシブデザインには対応しておらず、PC用デザインとスマートフォン用デザインとして、それぞれレイアウトを調整する形となります。また、タブレット幅のデザインなど、PCとスマートフォンの中間地点のデザインを変更できません。

[図2] Wixエディタの編集画面

■ Editor X

レスポンシブWebデザインに対応した、プロのデザイナー向けのツールです。完全プロ仕様のデザイン機能が用意されており、柔軟なグリッドレイアウトや、インタラクション（動き）を追加できます。複数人での共同編集に対応しているほか、開発者向けのプラットフォーム「Velo」が用意されており、JavaScriptやAPIを使った高度なWebアプリ

ケーションも構築できます。2023年7月、後述する Wix Studioへの段階的な移行が発表されました。

■ Wix Studio

Web制作会社やフリーランス向けのツールです[図3]。レスポンシブデザインに対応するEditor Xの操作性を踏襲しつつ、頻繁に使うデザインを再利用できるライブラリ機能やVeloを含むアプリ開発環境、さらにはクライアントからの問い合わせ対応にも対応した**総合プラットフォーム**です。

デザイン機能面では、**配置したパーツが画面サイズに応じて拡大・縮小されることが大きな特徴**で、Wixエディタに近い直感的な操作でページを構築できます。まるでPowerPointのように自由に要素を配置でき

る操作感もそのままです。

その反面、文字サイズを含めて画面内のすべての要素が画面幅に応じて拡大縮小するという特徴は、これまでのWeb制作における標準的な挙動とは異なっているため、いままでWeb制作を職業としてきた方にとっては、慣れるまでデザイン構築を難しく感じる可能性があります。

Wix Studioは、Wixエディタと比較すると、デザインレイアウトにこだわりを持つ方やデザイナーに向いているツールです。

[図3] **Wix Studioの編集画面**

■ AI機能

レスポンシブAIを搭載しており、PC版のデザインから自動でスマートフォン用のレイアウトを生成でき、作業時間を短縮できます。

また、入力した文章から画像を生成でき

るAIツールも搭載しています。ベータ版とのこともあり、精度はあまり高くない印象を受けますが、本番公開前の仮置き画像などの用途には十分使えます[図4]。

［図4］ AI画像生成ツール（ベータ版）

1000個以上の機能やアプリを追加できる

　Wixで制作するWebサイトは、**アプリを追加することで、Webサイトの機能を拡張できます**。決済対応を含むEC機能、オンライン予約機能、会員制サービス機能、ブログ機能、多言語翻訳対応など、Wixが開発するアプリだけでも52件あり、さらにサードパーティーが開発するアプリを加えると300以上ものアプリの中から選べます **［図5］**。ほとんどのアプリは無料で利用できますが、一部のアプリはそれぞれのアプリに応じた利用料金が別途かかります。

［図5］ Wix App Market

周辺機能もまるごと管理

Wixは、独自ドメイン取得に始まり、メールアカウントの管理（Google Workspace連携）、顧客管理やメールマガジンの発行、さらにアクセス解析や広告配信の管理など、様々な機能を提供しています。それぞれ、利用するには、機能に応じた別料金がかかる場合があります。

こういった機能を別々に契約して管理する場合と比べて、一箇所でまとめて管理できることで、契約更新し忘れたり、ログイン情報がわからなくて困ってしまうといったようなトラブルを減らすことができます。

Wixの弱点

■ 日本語対応フォントの少なさ

テンプレートのデザインはよく言えば国際的な雰囲気ですが、そのままでは日本人の色彩感覚、文字のデザイン感覚にはぴったり来ないものも多いです。ただし、背景色や文字色、フォントなどほとんどの部分をカスタマイズできますので、レイアウトはそのまま利用しつつ、配色やフォントを変更するとより魅力的なサイトに仕上がります。

また、日本語のフォントが少ない（デバイスフォントとWebフォントの合計18種類）点は弱点といえます [図6]。フォントのアップロードにも対応していますが、4MBを超えるサイズは推奨されていません。また、Webフォントとしてサイトにアップロードしてよいかなどのフォントの利用規約に注意する必要があります。

[図6] Wixで利用できる日本語フォント

日本語		メイリオ	あア愛Aa
MS Pゴシック	あア愛Aa	ロダン L	あア愛Aa
MS P明朝	あア愛Aa	**ロダン M**	**あア愛Aa**
MS ゴシック	あア愛Aa	筑紫Aオールド明朝	あア愛Aa
MS 明朝	あア愛Aa	筑紫A丸ゴシック	あア愛Aa
UD明朝	あア愛Aa	筑紫B丸ゴシック	あア愛Aa
UD角ゴ_ラージ	**あア愛Aa**	筑紫ゴシック	あア愛Aa
クックハンド	あア愛Aa		
スキップ	あア愛Aa		
スーラ	あア愛Aa		
ニューセザンヌ	**あア愛Aa**		
マティス	あア愛Aa		
メイリオ	あア愛Aa		
ロダン L	あア愛Aa		

利用できる日本語フォントはあまり多くない

■ 同時編集には注意

Wixエディタは、複数人によるWebサイトの同時編集に対応していません。別々のタイミングであれば編集できますが、同じタイミングで同じページを編集しないように、注意が必要です。

Wix Studioは同時編集に対応しているため、複数人が同時にログインしてWebサイトを編集できます。

■ 専用ツールには劣ることも

Wixアプリの機能を個別に見ると、それ専用に作られたサービスと比較した場合に、機能やカスタマイズ性が足りない場合があります。また、管理画面には利用していないツールのメニューも表示されるため、操作がやや複雑になっています。最初からすべてを活用しようと思うと圧倒されてしまうので、必要な機能を一つずつ設定しましょう。

おすすめ料金プラン

Wixエディタの場合は「ビジネスプラン（2,600円/月〜）」、Wix Studioの場合は「プラスプラン2,500円/月〜」がおすすめです**[図7]**。

[図7] **料金案内ページ**

アプリ	URL
Wix エディタ	https://ja.wix.com/premium-purchase-plan/dynamo
Wix Studio	https://ja.wix.com/premium-purchase-plan/studio

Chapter2
03

STUDIO

デザインのプロをターゲットにした日本製のツール、STUDIO。日本語のWeb
フォントも豊富で、デザイン性の高いWebサイトを構築したい方に人気です。

日本発信のデザイナー向けノーコードツール

STUDIOは日本で作られているノーコードツールです**[図1]**。2017年にベータ版がリリースされた比較的新しいツールですが、2023年にはユーザー数も30万人を超え、個人ユーザーはもちろんのこと、スタートアップから官公庁にまで幅広く利用されています。

[図1] STUDIOの公式サイト

https://studio.design/ja

こんな方におすすめ

STUDIOは次のような方におすすめです。

- Webデザイン入門者、経験者
- 日本語フォントにこだわりたい
- 動的な機能はメールフォームがあれば十分

STUDIOは主にプロのデザイナーを対象として、コードを書かずにWebサイトを構築できるように設計されています [図2]。もちろん、デザイン経験がなくても、豊富に用意されている**テンプレートを使えば、文言を書き換えたり写真を差し替えるだけでWebページを公開できます**。実際に、WordやExcelが使えるがデザインはよくわからない、といった方々も、STUDIOにて問題なくWebサイトを更新しています。

ただし、**込み入ったアレンジやレイアウト変更をしようとすれば、Webデザインの知識が必要になるツール**です。

[図2] STUDIOの編集画面

ピクセル単位で位置を細かく調整できる

■ ピクセル単位のデザインを実現

視点を変えれば、他のデザインツールと並行して学習するという前提において**「Webデザイナーを目指す方におすすめのツール」**ともいえます。STUDIOを使ってデザインすることにより、レイアウトがどのようにしてWebブラウザ上に反映されながら動くのかなどの、Webページの基本的な構造について学習できるため、ノーコードツールを使わないWebデザインにもその知識を生かせます。

Figmaのオートレイアウトに似た、レスポンシブデザイン機能も魅力のうちの一つです。編集画面上で、要素の余白や方向を変更でき、オリジナルのデザインを緻密に表現する力に優れています。STUDIO Showcaseに掲載されているSTUDIO製のWebサイトの数々からも、デザイン自由度の高さを見てとれます[図3]。

[図3] STUDIO Showcase自体もSTUDIOで作られている

STUDIO Showcase
https://showcase.studio.design/ja

■ 日本語に完全対応

STUDIOは日本で作られているプロダクトです。このため、**日本語に完全対応**したテンプレートが用意されており、縦書きにも対応しています。

海外で開発されているサービスの場合、どうしても、テンプレートの文字の大きさや行間、あるいは配色の設定が日本人好みではなく、そのままでは使いにくいことがありますが、STUDIOならその心配は無用です。ツールメニューやヘルプなどのコンテンツももちろん日本語で用意されていま

すし、日本時間にて日本語のサポートを受けることができます[1]。

また、STUDIOに関する質問や、お仕事依頼などを投稿できるユーザーコミュニティ[2]も活発に動いており、活用方法を学べるイベントも定期的に開催されています。

※1　チャットによる有人サポートは有料プロジェクトのみ対応しています。
※2　STUDIO Community Japan
https://community-ja.studio.design/home

■ モリサワフォントが使える

STUDIOでは株式会社モリサワが提供する Web フォントサービス「TypeSquare」を導入しています。対応しているのは TypeSquare で使えるうちの一部のフォントですが、本来は利用料金がかかるこれらのフォントが**STUDIOの基本料金に含まれて**

いるというのは大きなメリットです。また、無料プランでも使えるほか、Google Fonts にも対応しています。

日本語Webフォントが使えれば、美しい文字表現ができて優位なほか、ブラウザごとの表示差も減ります。

■ Figma to STUDIO

デザインをFigmaからSTUDIOにインポートするプラグイン「Figma to STUDIO[3]」がリリースされています。PC版のデザインをインポートすると、スマートフォン表示等も含めて自動でレスポンシブ対応した上でSTUDIO上に取りこむことができます。すでにFigmaを活用しているデザイナーにとっては便利なツールです。

※3 　https://studio.design/ja/figma-to-studio

■ テンプレートを販売できる

STUDIOにテンプレートデザイナーとして登録すると、オリジナルテンプレートを販売できます[4]。登録には審査が必要ですが、自分が作成したデザインを販売できることは、デザイナーにとっては新たなビジネスチャンスになります。

※4 　STUDIO Store
https://studio.design/ja/store/

STUDIOの弱点

STUDIOの弱点は以下のようなものです。

■ 予約や決済などの動的な機能を持たない

STUDIOでは、予約機能や決済機能など、動的なシステムを構築できません。これらの機能が必要な場合には、外部のサービスを契約して、そちらにリンクする形での対応が必要になります。

■ 編集・更新はPCのみ対応

STUDIOはデザインに対する自由度が高い反面、**編集や更新はPC（Chromeブラウザ）のみに対応**しており、スマートフォンやタブレットでは編集できません。更新担当者は必ずPCを所有している必要があるため、これが運用面での障壁になることがあります。

■ UIの更新頻度が高い

　STUDIOはユーザーからのフィードバックを製品に反映させることがあり、機能の追加や変更の頻度が高い傾向があります。ある日、突然、機能が増えたり、UI（操作画面）が変わることがあるため、利用頻度が少ない場合には戸惑ってしまうことがあるかもしれません。

おすすめ料金プラン

　料金プランとしては「CMSプラン（2,480円/月〜）」がおすすめです。

■ 料金案内ページ
https://studio.design/ja/pricing

04 ペライチ

実用的なテンプレートから簡単に制作できる、お手軽ツールのペライチ。
フォームや決済、予約やメルマガにも対応しています。

ランディングページ制作に最適なノーコードツール

ペライチは**テンプレートから簡単に制作できる**ことが特徴の日本製のツールです[図1]。「ペライチ」の名の通り、**ページ1枚で完結するランディングページの制作に特化**していますが、プランによっては複数ページの制作も可能です。**時間をかけずに**Webページを作りたい方にオススメです。

また、サービス内での独自ドメイン取得にも対応しており、Webに関する事前知識をほとんど必要としません。ペライチよりも手軽にページを制作できるツールは見たことがありません。

[図1] ペライチの公式サイト

https://peraichi.com/

こんな方におすすめ

ペライチは次のような方におすすめです。

- まずは1ページあれば十分
- 予約や決済機能が必要
- デザイン未経験

使いやすい豊富なテンプレート

日本のサービスということもあり、日本でのビジネスに特化したテンプレートが揃っています **[図2]**。日本人になじみやすいカラーリングや記号表現が使われており、典型的な構成になっているため、デザイン未経験の方にも取り組みやすく、成果を出しやすいでしょう。

ブロックを選んでの作成になるため、レスポンシブ対応について悩むことなく、文章や画像を入れ込むだけでページを作成できます。白紙からのページ作成も可能です。また、プロフェッショナルプラン限定にはなりますが、キャッチコピーや文章の作成に悩む時に、AIが候補を生成する「AIアシスト機能」を搭載しており、コンテンツ制作を支えます。

[図2] **テンプレートは業種ごとに絞り込める**

■ 画像素材を購入できる

ペライチ内で、無料画像素材サイト「ぱくたそ」や、有料画像素材サイト「PIXTA」の画像を検索してあてこめるほか、画像素材の購入までも完結でき、効率よく制作できます。ぱくたそやPIXTAもまた日本のサービスで、日本人モデルの画像素材が豊富に揃っています。ほかのツールでもページ内で使用する画像素材を無料素材から検索できますが、クオリティの高い素材を直接検索できることで、時間の短縮になります。

その反面、人物ではない画像で、さらに無料で使える画像のみを使いたい場合は、他のサービスよりも検索結果の枚数は少なくなりますので、外部サイトから探す必要が出てきます。

店舗やサービスの紹介ページに必要になることが多い、メールフォーム機能、決済（EC）機能、予約機能、メールマガジン発行機能などのポイントを押さえたサービスを提供しています[図3][図4]。決済ではコンビニ決済や銀行振込なども設定可能になっています。

ただし、特にECや予約機能に関しては、簡易的なシステムとなっているため、例えばECサイトとしてのレビュー機能や、顧客マイページなどの会員機能は持たせられません。その分、事前に考慮すべき導線や施策なども少なくなり、少ない工数でページを公開できるため、まだ予算がつかなかったり、売れるかどうかわからない商品を試験的に販売するためなど、お試し運用にはぴったりのサービスになっています。

[図3] ペライチで作成できる予約カレンダー

[図4] 予約枠の管理画面

Chapter 2 　ノーコードツールの選び方

スマートフォンから編集できる

　ページの作成から公開までをスマートフォンやタブレットで完結できるのも大きな特徴です[**図5**]。実店舗運営のかたわらでWebサイトを更新する場合など、どうしてもPCの前にいられないような状況でも、手軽に更新できます。

[**図5**] **スマートフォンでの編集画面**

※横長の一部パーツはタブレット以上のサイズでないと編集できないことがあります。

サポートや勉強会に力を入れている

　通常サポートの窓口はメールのみですが、初心者や入門者のサポートに力をいれており、ペライチ公式の個別無料相談会（導入サポート）や、集客方法などの周辺情報を含むオンラインセミナーが開催されています。

ペライチ認定サポーターによる個別の無料・有償サポートやセミナーも含めて「ペラナビ※1」で検索できるようになっています。

※1　https://navi.peraichi.com/

ペライチの弱点

ペライチには以下のような弱点があります。

■ アレンジは限定的

パーツを組み合わせての構築になるため、細かなデザイン調整やレイアウト調整ができません。セクションパーツは豊富に用意されていますが、例えばセクション間の余白の調整や、スマートフォン表示の場合の任意のレイアウト変更などには対応していません。背景色や文字色の変更などはできるものの、オシャレに見える変則的なレイアウトを組みたい、といった要望には対応できません。

また、予約カレンダーなどの動的な画面のデザインは変更できないため、デザインにどうしてもこだわりがある場合は、ほかのツールのほうが向いています。

■ ページ数の多いWebサイトには向いていない

サイト管理機能を使えば、複数ページでの共通ヘッダーパーツの管理が可能になりますが、最上プランでも20ページまでの公開となります。コンテンツ量やページ数が多くなりそうなWebサイトは対応が難しいでしょう。どちらかというと、イベントや広告出稿用のランディングページを複数作成するのに向いています。

おすすめ料金プラン

ペライチでは、予約や決済が可能な「ビジネスプラン(¥3,940 ／月〜)」がおすすめです。

■ 料金案内ページ
https://peraichi.com/pages/pricing

WordPress

世界で最も有名なCMSがWordPress。コードを書くかたちでの制作が広まっています。

ノーコード制作も可能な世界標準CMSツール

WordPressは、**Webサイトを作成、編集、管理するためのオープンソースのCMS**です[**図1**]。もともとはブログ用に開発されましたが、現在では、コーポレートサイトやメディアサイトなど、様々な種類のWebサイトを作成するための多機能なツールとして広く利用されています。

CMSとしてのシェアはトップで、日本語がメインの全Webサイトに占めるWordPressの割合は84.4%にものぼり、堂々の一位です。コミュニティも活発で、イベントや公式フォーラムで使い方を学んだり、相談もできます。

今まで、WordPressといえば、独自デザインのテーマをコーディングする形で制作するのが一般的でした。しかしながら、近年では、ヘッダーやフッターなどのサイト全体のデザインを含めて、**ノーコードでWebサイトを制作できるテーマやプラグイン**が増えてきています。

[図1] **WordPressの公式サイト**

https://ja.wordpress.org/

こんな方におすすめ

WordPressは次のような方におすすめです。

■ WordPressを使ったことがある
■ 現在契約しているレンタルサーバを活用したい

プラグインでページを制作

WordPressをノーコードで利用する手段としては、Elementorプラグイン[1]やDiviテーマ[2]が有名です[図2]。双方ともWebサイトは英語ですが、管理画面は日本語表示に対応しています。どちらもパーツをドラッグドロップしたり、テンプレートを複製するだけでWebサイトを制作できます。

※1　Elementor
https://elementor.com/
https://ja.wordpress.org/plugins/elementor/

※2　Divi（年額 $89〜）
https://www.elegantthemes.com/gallery/divi/

■ Elementor

Elementor 無料版はヘッダーやフッターなどの機能が利用できないため、サイト全体をノーコードで構築するためには年額59ドルのProプランが必須になります。無料の専用テーマ Hello Themeの相性がよいですが、他のテーマと組み合わせても使えます[図2]。

[図2] Elementorプラグインの操作画面

WordPressのノーコード化

WordPress本体も、**コードを書かずにWebサイトを構築できる方向へと進化して**います。

2023年9月現在のデフォルトテーマ「Twenty Twenty-Three」では、テーマエディターを用いてサイト全体のレイアウトを変更したり、好みのスタイルを割り当てたり、パーツのスタイルをエディター上で変更できるようになっています**[図3]**。操作感は記事の執筆画面のブロックエディターと同一で、ブロックを挿入して積み上げることでWebサイトを構築できます。

Elementorプラグインや他のノーコードツールと比較すると、**現時点では、操作はややわかりにくく、カスタマイズ性にも劣ります**が、今後の更新によって、より使いやすくなるでしょう。

[図3] Twenty Twenty-Threeの編集画面

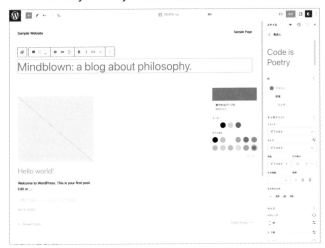

https://ja.wordpress.org/themes/twentytwentythree/

WordPressの管理を任せるには

WordPressをレンタルサーバーで利用する場合は、WordPressを利用するサーバー内のソフトウェアをバージョンアップするなどの**定期的なメンテナンスが必要**になります。自分で管理するのを不安に感じる場合は、**WordPressのマネージドホスティングサービス**を利用すると、これらのメンテナンスをサービス提供者に任せることができます。

サービスによっては、ただWordPressを利用できるだけではなく、CDNなどを利用した世界中からの高速なアクセス表示や、サイトへの攻撃から保護するためのセキュリティ対応など、追加の機能が利用できます。個人向けの著名なサービスとしては、WordPress.comがあります**[図4]**。

[図4] WordPressの日本語版公式サイト

https://wordpress.com/ja/

※ WordPress.com は Automattic 社が提供する WordPress ホスティングサービスです。オープンソースソフトウェアの WordPress 本体とは別の存在です。

また、本来はPHPプログラムを動かしながら動的に表示するWordPressの公開ページを、静的なHTMLページとして公開できるShifter Staticのようなサービスもあります

[図5]。静的HTMLとして公開することで、ページをより高速に表示でき、セキュリティに対する不安を減らせる利点があります。

[図5] ShifterのWebサイト

https://ja.getshifter.io/

これらのマネージドホスティングサービスを利用する場合、プランや、システム上の制約により、インストールできるテーマやプラグインに制約が生じる場合があるので注意しましょう。

WordPressの弱点

サイトのセキュリティを高めるため、**本体、テーマ、プラグインのアップデートが必要**です。テーマやプラグインが本体のアップデートに対応していない場合、Webサイトの表示が崩れたり、編集画面が利用できなくなる可能性があります。導入するテーマやプラグインを、利用者が多く、定期的に更新されているものに厳選することである程度は防げます。

料金

WordPress本体は無料で利用可能です。インストールするテーマやプラグインによって、購入費用がかかる場合があります。また、レンタルサーバーやマネージドホスティングサービスを利用する場合は、それぞれ利用料がかかります。

06

その他のツール

今まで紹介した以外にも、様々なノーコードツールがあります。日本語に対応していないツールなどもありますが、それぞれの特徴を理解してトライしてみるのもよいでしょう。

HTMLコードで書き出せるWebflow

Webflowは**世界的に有名なノーコードツール**で、制作したWebサイトをコードの形で書き出せるのが大きな特徴です **[図1]**。その他のノーコードツールと比べるとコーディング寄りのツールですが、その代わり自由度も高く、リッチなアニメーションも表現できます。Web制作経験者や開発者になじむツールではありますが、デザイナー向けの編集画面とは別に、簡易版の編集画面も利用でき、簡単にサイトを更新できます。

[図1] Webflowの編集画面

https://webflow.com/

■ こんな方におすすめ

Webflowは次のような方におすすめです。

- ■ コードを書き出したい
- ■ 英語が得意

■ コードを書き出せる

　WorkspaceプランではHTMLやCSSコードの書き出しに対応しており、サイトをファイルとしてダウンロードできます。ファイルを他のサーバーにアップロードして表示できるため、ロックインされないというメリットがあります。ただし、**静的なファイルとして書き出される**ため、CMSなどの動的な項目は書き出せません。

■ Webflowの弱点

　管理画面表示は英語のみ対応しており、**日本語に対応していません。**Webサイト上のコンテンツとしては日本語も利用可能で、Google FontsやAdobe Fonts、カスタムフォントのアップロードにも対応しています。

■ おすすめ料金プラン

　Webflowでは、「CMSプラン（$23/月〜）」がおすすめです。コードの書き出しには別途Workspaceプランが必要です。

広告用ランディングページに特化したsmartLP

　smartLPは、**ランディングページ（LP）の作成に必要なページ作成、編集機能**をそなえたツールです **[図2]**。ほかのノーコードツールよりも機能が少なく、**シンプルで、手早くページを作成**できます。大きな特徴としては、アクセス解析やページの最適化に主軸を置いています。ページにバリエーションを作成し、それぞれの**成果を測定**したり、広告に合わせて文字や画像を変更した**パーソナライズ版ページを効率よく作成、管理**できます。

[図2] smartLPの編集画面

https://lp.smartlp.site/

■ こんな方におすすめ

SmartLPは次のような方におすすめです。

■ 広告出稿用のLPを手早く作成、運用したい

■ smartLPの弱点

LP特化型ということで、複数ページの管理機能も弱く、CMS機能などもないため、**本格的にWebサイトを運用したい場合には別のツールが適しています**。動的な機能はフォーム機能のみで、ECや会員制サイトの運用機能などはありません。

■ おすすめ料金プラン

SmartLPでは、「ACCELERATEプラン(2,500円/月〜)」がおすすめです。

情報共有のためのページ制作ならNotion

Notionは、メモやタスク管理に使える、データベースアプリです**[図3]**。PCからの編集はもちろん、スマートフォンからの編集にも対応しています。

[図3] Notionの公式サイト

https://www.notion.so/ja-jp

■ こんな方におすすめ

Notionは次のような方におすすめです。

■ 文章情報を公開できれば十分

■ Webページとして手軽に公開

Notionは作成したデータベースやページをWebページとして公開できる機能を備えており、数クリックでWebページを作成できます**[図4]**。WebサイトのFAQページをNotionで運用したり、あるいは個人のちょっとしたデータベースを公開するなど、軽めかつ頻繁に更新する用途に向いています。

凝ったレイアウトをしたり、**独自のヘッダーフッターをつけるなどのデザインはできません**。また、Notion単独では独自ドメインの接続はできず、**Notionのサブドメインでの公開**になります。

[図4] Notionでページを公開する

共有オプションから、NotionページをWebページとして公開できる

■ おすすめ料金プラン

無料で公開できます。ただし、公開したページを検索エンジンの検索結果にインデックスさせるためには、「プラスプラン（$8/月～）」が必要です。

WebサイトをNotionで更新できるツール

Notion単体では独自ドメインを接続したり、凝ったデザインレイアウトはできませんが、周辺サービスを利用すると、よりWebサイトらしい形でページを公開できます。Notionの書きやすさをそのまま活かして更新できます。

■ Wraptas

テーマを選び、Notionと連携するだけでWebサイトを作れます[1]。本格的にオリジナルテーマを作成したい場合はCSSコードの編集が必要ですが、一見してNotion製とはわからないようなサイトも構築できます。

NotionでオリジナルデザインのWebサイトを作りたい方にはおすすめです。料金は1,078円/月～となっています。

※1　Wraptas
https://wraptas.com/

■ N2B

デザインはあらかじめ決められたレイアウトのみですが、RSSフィードやコメント機能など基本的な機能の揃ったブログをNotionで執筆できます。使い慣れたNotionでブログを書きたい方におすすめです。料金は550円/月～となっています。

※2　N2B
https://n2b.site/

COLUMN

Notionサイトを無料で作れるMuuMuu Sites

2023年10月、Notionからサイトを無料で作れるMuuMuu Sitesがリリースされました。ムームードメインでドメインを管理していれば、無料で使えます。

・MuuMuu Sites
https://muumuu-domain.com/muumuu-sites/

ネットショップならBASEやShopify

ネットショップ作成に特化したノーコードサービスとしては、BASEやShopifyが有名です。日本発のBASEと、カナダ発のShopify。どちらも、コードを書かずにショップをアレンジできるほか、デザイン性の高いテーマ（無料/有料あり）を利用できます。

なお、デザインをアレンジできることにこだわらない場合や、実店舗との連携を前提にする場合は「STORES（https://stores.jp/）」もシンプルでおすすめです。

■ BASE

BASE[3]では、ショップのテーマを選んで始めることができます。パーツを組み合わせてアレンジでき、コードを書かない前提ではカスタマイズ性が高いツールといえます。ECサイトを手軽に始めたい、デザインをアレンジしたいという方にはおすすめです。スタンダードプランは無料で利用できますが、売上に応じて手数料がかかります。

※3　https://thebase.com/

■ Shopify

世界的に有名なツール。テーマを選び、パーツをアレンジして構築します。国際基準のため、日本の商習慣とは異なる面も多く、熨斗（のし）対応など日本の当たり前を実現するためには、カスタマイズアプリで費用がかかることもあります。多言語対応などもできるなどカスタマイズ性がとても高いため、予算がある場合はおすすめです。料金[4]は\$33/月～となっています。

※4　https://www.shopify.com/jp

オンライン画像編集ツールとして有名な Canvaですが、実は、Webページも制作・公開できます [図5]。LPのような1ページ完結のサイトのみ公開できます。フォームなどの動的な機能はありません。

[図5] Canvaでホームページを作成する

Canvaでページを編集している様子

■ 手軽にページを作成できる

Canvaの画像編集の操作感や共同編集機能をそのままに利用することができます。また、Canvaのサブドメインでページを公開する場合は無料で利用できるうえ、**パスワード保護もかけられる**ため、**内輪で共有したいページの制作**にも向いています。Canvaにはスマートフォンアプリもあるため、スマートフォンからの編集も可能です。

ただし、レスポンシブレイアウトは自動対応になり、自分で調整することはできず、スマートフォン表示で意図せず崩れてしまうこともあります。その場合は、グループ化を工夫して解消します。

■ 料金プラン

独自ドメインで公開したい場合は、ドメインをCanva内で購入する必要があります（ドメイン料金は年2,000円程度〜）。既存ドメインを接続する場合は、「Canva Pro（12,000円/年〜）」に登録する必要があります。

Chapter2
07

ノーコードツールの選定基準

ノーコードツールの選定にあたっては、Webサイトを作る目的を決め、必要な機能や予算、学習コストなどの選定基準を明確にしてからツールを絞り込みます。

ノーコードツールの特徴一覧

　ここまでに紹介した各種ノーコードツールの特徴について、一覧表にまとめました。

それぞれの特徴やプランなどを理解して、適切なツールを選びましょう。

ツールの特徴一覧

	Wix Editor	Wix Studio	STUDIO	ペライチ	WordPress	Webflow
向いている用途	Webサイト	Webサイト	Webサイト	Webページ	Webサイト	Webサイト
多機能性	★★★★★	★★★★★	★★	★★★	★★★★	★★★
モバイル編集	×	×	×	○	ツールによる	×
コアプラン	ビジネス 2,600円/月〜	プラス 2,500円/月〜	CMSプラン 2,480円/月〜	ビジネスプラン 3,940円/月〜	サービスによる	CMSプラン $23/月〜
無料プラン	あり	あり	あり	あり	サービスによる	あり
レイアウト	パーツ配置型	自由レイアウト型	自由レイアウト型	パーツ配置型	パーツ配置型	自由レイアウト型
対象者	どなたでも	デザイナー寄り	デザイナー寄り	どなたでも	エンジニア寄り	エンジニア寄り

	SmartLP	Notion	Notion アレンジ系	BASE	Shopify	Canva
向いている用途	広告用LP	Webページ	サイト/ブログ	ECサイト	ECサイト	Webページ
多機能性	★	★	★	EC専用	EC専用	★
モバイル編集	×	○	○	○	○	○
コアプラン	ACCELERATE 2,500円/月〜	無料	サービスによる	スタンダード プラン無料	ベーシック $33/月〜	無料
無料プラン	あり	あり	サービスによる	あり	なし	あり
レイアウト	自由レイアウト型	パーツ配置型	パーツ配置型	パーツ配置型	パーツ配置型	パーツ配置型
対象者	マーケター寄り	どなたでも	どなたでも	どなたでも	エンジニア寄り	どなたでも

用途や必要な機能

まず、どんなWebサイトを作りたいのか、用途や必要な機能からツールを絞り込みます。ECサイトを作りたいのであれば、カート機能や決済機能を備えたツールを選びます。

また、必要に応じて外部のツールとの組み合わせも検討します。例えば、メールフォーム機能を持たないCanvaサイトにメールフォームを追加したい場合は、WebサイトからGoogle Formsなどの外部のツールにリンクすれば要件を満たせます。

ツールを導入する企業によっては、独自のセキュリティ規準へ準拠しているかの確認が必要な場合があります。ツールによっては、Webサイト上でチェックリスト **[図1]** を公開していたり、個別に問い合わせて確認することもできます。

[図1] STUDIOのチェックリストの公開例

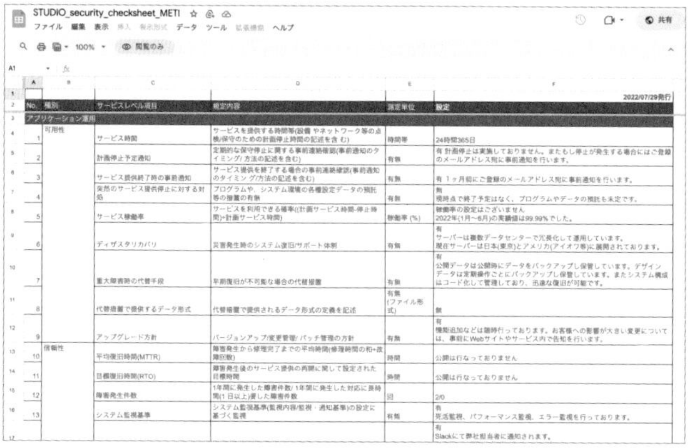

No.	種別	サービスレベル項目	規定内容	測定単位	設定
アプリケーション運用					
1	可用性	サービス時間	サービスを提供する時間帯(設備 やネットワーク等の点検/保守のための計画停止時間の記述を含 む)	時間帯	24時間365日
2		計画停止予定通知	定期的な保守停止に関する事前連絡確認(事前通知のタイミング/ 方法の記述を含む)	有無	有 計画停止は実施しておりません。またもし停止が発生する場合にはご登録のメールアドレス宛に事前通知を行います。
3		サービス提供終了時の事前通知	サービス提供を終了する場合の事前連絡確認(事前通知のタイミン グ/方法の記述を含む)	有無	有 1ヶ月前にご登録のメールアドレス宛に事前通知を行います。
4		突然のサービス提供停止に対する対処	プログラムや、システム環境の各種設定データの預託等の措置の有無	有無	無 現時点で終了予定はなく、プログラムやデータの預託も未定です。
5		サービス稼働率	サービスを利用できる確率((計画サービス時間-停止時間)÷計画サービス時間)	稼働率 (%)	稼働率の設定はございません 2022年(1月〜6月)の実績値は99.99%でした。
6		ディザスタリカバリ	災害発生時のシステム復旧/サポート体制	有無	有 サーバーは複数データセンターで冗長化して運用しています。 現在サーバーは日本(東京)とアメリカ(アイオワ等)に展開されております。
7		重大障害時の代替手段	早期復旧が不可能な場合の代替措置	有無	有 公開データは公開時にデータをバックアップし保管しています。デザインデータは定期操作ごとにバックアップし保管しています。またシステム構成はコード化して管理しており、迅速な復旧が可能です。
8		代替措置で提供するデータ形式	代替措置で提供されるデータ形式の定義を記述	有無(ファイル形式)	無
9		アップグレード方針	バージョンアップ/変更管理/ パッチ管理の方針	有無	有 機能追加などは随時行っております。お客様への影響が大きい変更については、事前にWebサイトやサービス内で告知を行います。
10	信頼性	平均復旧時間(MTTR)	障害発生から修理完了までの平均時間(修理時間の和÷故障回数)	時間	公開は行なっておりません
11		目標復旧時間(RTO)	障害発生後のサービス提供の再開に関して設定された目標時間	時間	公開は行なっておりません
12		障害発生件数	1年間に発生した障害件数/ 1年間に発生した対応に長時間(1 日以上)要した障害件数	回	2/0
13		システム監視基準	システム監視基準(監視内容/監視・通知基準)の設定に基づく監視	有無	有 死活監視、パフォーマンス監視、エラー監視を行っております。
					有 Slackにて弊社担当者に通知されます。

https://help.studio.design/ja/articles/4682161

また、モバイル端末でのページ内容編集に対応しているかどうかも一つの判断規準になります。モバイル編集に対応していないツールは、PCを持っていない方はサイトを更新できなくなってしまいます。特に、Webサイトの公開後に制作者以外の方がページの更新を担当する場合、PCを所有していなかったり、所有していても普段は使わないので使い方がわからない……という事も考えられるため、考慮して選びましょう。

予算

ノーコードWeb制作ツールのコア価格帯は、**月2～3千円前後**です。どうしても無料でWebサイトを作りたい場合は、無料プランがあるツールを選びます。ただし、無料プランがある場合でも、すべての機能を無料で使えるとは限りません。

また、独自ドメインでWebサイトを公開したい場合は有料契約が必要なことが多い

です。さらに、特定の機能を利用する場合に追加料金がかかったり、決済機能を備えている場合は、基本料金に加えて、決済金額ごとに追加料金がかかる場合があります。

期間や学習コスト

構築にかかる時間（納期）や、それぞれのツールの使い方を学習するための時間も考慮に入れます。一般に、自由レイアウト型のツールよりも、**パーツ配置型のツールの方が、短い時間で構築でき、学習コストも低い**です。自由レイアウト型のツールであっても、テンプレートを活用すれば短時間で構築可能ですが、レイアウトを思いのままに変更するには、それなりの学習コストがかかります。

「ツールの特徴一覧」ではツールの特色を強調するために**「デザイナー寄り」「エンジニア寄り」と表記していますが、どのノーコードツールも誰でも使えるようになっています。**ツールの学習コストに関しては、人それぞれの経験にも左右されます。デザインやWeb制作に関して、何か少しでも経験がある場合は、ツールの学習コストが低くなっていきます。

また、制作後のWebサイトを更新するのが自分ではない場合は、更新担当者の学習コストについても考慮する必要があります。日本発のツールは日本語の情報やマニュアルが多く、日本語でのサポートが受けられる可能性も高いため学習しやすいといえます。

Web制作に関して、コードを書く書かないを問わず、残念ながら、すべての人のすべての要求を満たせる魔法のツールはありません。それぞれのツールの得意、不得意、特徴を考慮に入れながら、最適なツールを選びましょう。本書で紹介していないツールに関しても「機能・予算・期間」の視点を持つと、ツールを選びやすくなります。

ツールの使い方を覚えるのをおっくうに感じる方もいるかもしれませんが、どのツールも「Webサイトを作る」という同じ目的で作られていますので、操作や概念は似通っています。**一つのツールを習得すれば、二つ目のツールの学習コストは低くなります。**複数のツールで迷ったら、どちらか一つをまず学習してから次のツールに取りかかるとよいでしょう。

Chapter

3

ノーコード
ツールの
運用事例

ここではケーススタディとして、ノーコードツールを活用したWebサイトの制作事例を紹介します。ツール選定の理由や制作期間、改善の余地を感じた点など、ノーコードツールでの実制作を通して得られた生の意見を、4名の方にまとめていただきました。

ケーススタディ①
Wix

オンラインで学べる会員制の動画講座サイトをWixで作成した事例を紹介します。Wixに用意されているアプリを活用し、ノーコードで多機能構築しました。

執筆者：吉田哲也

制作の背景

筆者はWebサイトの制作から完成後の保守、解析まで手掛けており、WordPressやWixなどのツール選定からアドバイスすることが増えています。クライアントから、思考と感情を可視化して整理する「左脳マップ」というサービスのサイト制作を相談され

ました[図1]。

相談時点で立ち上げ前のサービスだったため、売上の予測も未定。サイト制作に使える予算も不確定。なるべく**費用の負担が少なく、短納期で公開し、運用しながら変更したい**という依頼でした。

[図1] 左脳マップ

https://www.sanowmap.com/
2023年9月現在のサイト名（走りながら考えるプロジェクトのためサイト名・サービス名が変更になる場合あり）

[図2] 制作の概要

利用ツール	Wix
エディタの バージョン	Wix エディタ
利用プラン	ビジネスプラス
制作期間	2週間 （初回納品時まで）
公開開始時期	2021年12月
担当業務	ツール選定、 機能設定

必要機能

オンラインで対話をしながら思考と感情を可視化し整理する「左脳マップ」。相談者向けにセッションを行うのと同時に、左脳マップの手法を伝える講座も開催しています。

当初は、セミナーの受け付けおよび決済、オンライン動画講座、コミュニティ機能、認定を受けたサポーターの個別セッションを受け付けるための予約機能を想定し、次のような機能が必要になりました。

- サービス案内
- セミナー受け付け・決済
- オンライン動画講座
- コミュニティ
- 予約カレンダー

検討したツール

先に挙げた依頼された機能を満たす場合、以下のような選択肢がありました

- サービス案内部分と予約機能、決済機能を別サイトで作成
- WordPressでプラグインを活用する

WordPressでプラグインを活用して同機能のサイトを作ることも可能ですが、**保守管理の社内対応や外注費用などが見込めな**いということで別の手段を探すことになりました。また、運用の際には予約管理サービス、動画講座サービスごとに月額費用がかかるため、運営費用や決済手数料も検討しなければなりません。複数のツールを組み合わせれば、依頼の要件を満たすことは可能ですが、最終的に、運営・更新上の手間を減らしたいということで、**一つのサービスで完結できるWixを選択**しました。

利用したWixの機能（アプリ）

WixにはWebサイト制作機能のほかに、機能を拡張できるアプリというツールがあります。その中で、このサービスを制作するために利用した主なアプリは右の通りです[図3][図4]。

- Wix ストア
- Wix ブッキング
- Wix フォーラム
- Wix オンラインプログラム
- Wix ビデオ
- Wix 販売プラン
- Wix イベント・チケット（試用したものの公開せず）

[図3] 利用した主なアプリと活用法

アプリ	利用方法
Wix ストア	ECサイトの機能を実装できるWixアプリです。基本的なオンラインショップの機能を備えています。講座への申込みを受け付ける機能のために利用しました。
Wix ブッキング	カレンダーから予約可能な日時を選択して申し込みできるアプリ。複数スタッフでの運用やGoogle カレンダーとの同期、決済機能も備わっています。認定済みのアドバイザーがセッションの予約を受けるために利用。運用していく中で、個別に決済したいということになり、サイトからは削除しました。
Wix オンライン プログラム	チャプターやステップに分けたオンライン動画講座を作成できるアプリ。ステップごとにクイズやアンケートを設定可能。動画のアップロード先はWix、外部動画配信サービスと選択できます。今回はVimeoを利用しており、ドメイン指定の限定公開設定にすることもできます。
Wix ビデオ	動画のダウンロード販売対応の配信ツール。Wix上にアップロードした動画の配信ができ、動画ごとに課金設定を行うことも可能です。単発のセミナー動画の販売に利用しています。
Wix 販売プラン	ページやフォーラム、オンラインプログラムなどの閲覧権限を管理できるアプリ。有料会員のみへの閲覧指定やサブスクリプション型サービスを実現できる機能です。サービス内容に応じた定期課金を行うために利用しています。
Wix フォーラム	フォーラムを設置できるアプリ。Facebookグループで運用していた受講者同士のコミュニティをWix上で設置。会員プランに応じて閲覧権限を自動付与できるのが便利です。
Wix イベント・チケット（試用したものの非公開）	イベントのチケットが発行できるアプリ。日時指定のチケットの販売ができるため、リアルタイムのセミナーや講座を開催するときには便利です。通常の決済手数料とは別にイベント用のサービス手数料(2.5%)が発生するため利用を取りやめました[1]。

※1　https://support.wix.com/ja/article/wix-イベント：wix-サービス手数料について

運用状況と改善を期待したい点

　Wixのサイトエディタの機能や各アプリの設定方法の解説は必要ですが、サイトの更新、ページの追加、動画講座の追加・修正などは事業主様やスタッフで対応していただいてます。使い方のわからない場合のみサポートしている状況です。

　実際に運用してみて、改善を期待したい点は次のようなものです。

・レスポンシブ対応

　利用しているエディタが初期のWixエディタのため、スマートフォンやタブレットへの表示対応が不十分なのは物足りないところ。

・エディタのバージョン変更

　エディタ間での乗り換え機能が用意されていないため、新しいバージョンのエディタを使いたい場合、顧客情報や動画コンテンツなどは新しく作り直すか手動でコピーする必要があります。

・機能追加

　現在搭載されていない機能に関しては、サポートに問い合わせ、有用な意見だと「機能リクエスト」として検討してもらえます。ただ、いつ採用されるか、実装されるか公表されないため、その時点で搭載されている機能で対応するしかありません。

・表示メッセージの編集

　ショッピングカートの説明文や注意書きなど、編集可能な箇所はあるものの、すべてが変更できるわけではないのも注意が必要です。細かいカスタマイズができないのはノーコードツールの短所といえます。

Wixを利用してみたい方へ

　手ごろな価格で様々な機能を利用できるWix。カスタマイズの限界などの問題はありますが、短期間で多機能なサイトを作るには便利なツールです。2023年に追加された新エディタなどのように新機能の追加スピードも早いので、サイト制作の選択肢に加えてみてはいかがでしょうか。

[図4] Wix オンラインプログラムの利用例

Profile

吉田 哲也（よしだ・てつや）

有限会社 TY Planning 取締役／
上級ウェブ解析士

2001年からWeb業界に携わり、WordPressやWixを活用したノーコード・ローコードでのサイト制作から解析まで、Webに関する多様な要望に幅広く対応。運用・保守まで含めたすべての業務を俯瞰した視点で改善提案やアドバイザリーを手掛ける。2019年『WordPress セキュリティ大全』出版。セミナーやイベントに多数登壇。各種ツールのマンツーマンレッスンも行っている。

Web　　　https://www.tetsuya.yoshida.name/
Twitter　　https://twitter.com/tetsu8yoshida

Chapter3
02

ケーススタディ②
STUDIO／Wix

一般社団法人のWebサイトを、ノーコードツールのSTUDIOで構築することで、制作期間の短縮や運用段階でのタイムリーな更新を実現できた例を紹介します。

執筆者：権 成俊

課題はWebサイトのタイムリーな更新

まず取り上げるのは、私が所属する一般社団法人ウェブコンサルタント・ウェブアドバイザー協会（以下、WebCA）のサイトです

[図1]。制作ツールとしてはSTUDIOを使用しています[図2]。

[図1] **WebCAのサイト**

https://www.webconsultant.or.jp/

[図2] **制作の概要**

利用ツール	STUDIO
プラン	CMSプラン
制作期間	3ヶ月 （初回納品時まで）
公開開始時期	2022年5月
担当業務	制作・運営責任者

私たちWebCAでは毎月数回、情報発信を行っています。会員限定の情報発信はFacebookの会員グループを使って発信していますが、会員以外の方へプレスリリースやFacebookなどSNSへのオープンな書き込みを行い、詳細は自社のWebサイトに掲載していました。

しかし、**社内にWebサイトを更新できる人がいない**ため、以前は本書の著者でもある佐藤あゆみさんにWebサイトの更新を依頼していました。お任せできる手軽さはありますが、社外の方なので、どうしても**意思疎通に手間がかかること、結果的にタイムリーな更新が難しい**ことが課題でした。

更新ツールとしてSTUDIOでの制作を決定

そこで、社内で更新できるノーコードツールを利用することにしました。以前もノーコードツールに近いものを運用したことがありましたが、当時のものは、そのツールの使い方を学習するのに時間がかかっていたため、自由に編集できるとまではいかず、結局社外の方にお願いしていました。

しかし、**最近のノーコードツールは、WYSIWYGで更新でき、初めて触る方でも容易に更新**できるため、採用を決定しました。

以前利用したノーコードツールは海外のものでした。そのツールでは、管理画面に英語が混じっていたり、またテンプレートも英語でサンプルデザインが作られているなど、少しとっつきにくいことがあり、**日本製のほうがより使いやすのではないか**と考えました。また、導入を支援してくれる佐藤あゆみさんがSTUDIOに慣れている、ということも採用の理由の一つでした。

導入と制作

導入に際しては、佐藤さんに制作をお願いしました。サイトマップを設計し、特に頻繁に更新する部分は更新を想定した設計にしました。ノーコードツールに限りませんが、サイトを作るときにコンテンツを揃えるのに時間がかかります。結局、すべての原稿、イメージ素材などが揃わないまま一時リリースを迎えることが多く、今回もそうなりました。

ノーコードツールは、慣れてから、ああしたい、こうしたい、という要望が出てく

ることもあり、あまりこだわりすぎずに、**とりあえずは早期リリースを目指すのがよい**と感じました。

私たちがやりたかったことの中で、仕様上できないことがいくつかありました。例えば、パスワードつきの会員ログイン機能や、イベントカレンダーの自動生成などです。それによって運用の手間が増えないかと気になりましたが、使ってみるとそれほど問題にならないことが多く、素早く更新できることのメリットが大きく勝りました。

使ってみての実感

社内で更新できるようになったため、**更新頻度が上がりました。**

コンテンツを増やしていくと、従来の設計ではなじまなくなる部分がありました。社内で更新できるからこそ、本来は構造か

ら直すべきところを、無理やり今のページ内で解決しようとしてしまうところもありました。コンテンツが増えたら、改めてプロに依頼してサイト設計を整理しなおすとよいと思います。

また、サイトのページ数が増え、階層が深くなると、ナビゲーション設計の重要度が高まります。そうなると、ノーコードツールの仕様上の制限によって最適化できない面が増えてきます。しかし、昨今のWebユーザーの傾向として、サイトをじっくり回遊しない、という傾向もあり、そもそも階層が浅いほうがUXがよくなると考えています。

基本的には、小規模サイトと相性のよいツールだと感じています。

Wixを活用し短期間で立ち上げた事例

Wixを活用して構築した、もう1つの事例を紹介します[図3][図4]。

糸魚川翡翠をネット通販で販売する糸魚川翡翠工房こたきは、事業再構築補助金を活用して、日本でしか採取できない糸魚川翡翠（いといがわひすい）を海外に販売する事業を開始しました。補助金を得るためには、**約1年間で商品開発からコンテンツ企画・制作、そしてWebサイトの制作までを完了**する必要がありました。

それも、国内のプラットフォームで制作する多言語対応ECサイトと、US Googleからの誘導を目的とした英語の1ページサイトの2つが必要でした。多言語対応サイトでは、Googleのクローラーがどの言語向けのサイトかの判断が難しく、SEO上位表示が難しいためです。

そこで、制作期間を短くするために、**英語の1ページサイトはノーコードツールで制作**することにしました。Google検索からECサイトに誘導するためだけのサイトなので、コンテンツ量はそれほど多くなく、その点でもノーコードツールが適していると考えたためです。

[図3] Itoigawa Jade Studio KOTAKI

https://www.lp.itoigawajade.com/

[図4] 制作の概要

利用ツール	Wix
エディタの バージョン	Wix エディタ
利用プラン	アドバンス （旧プラン）
制作期間	1年 （Wix構築期間1ヶ月）
公開開始時期	2023年7月
担当業務	企画、制作

US Google SEOへの対応

　ツールの選定に際しては、US Googleで上位表示しやすいよう、サーバーがUS国内にあるものを希望しました。Wixであれば US国内にサーバーがあることが明示されているとのことで、Wixに決定しました。

　そもそも、商品は日本独自の鉱石であり、さらには現在では採掘地が天然記念物として保護されているため、現在では国内でも入手が難しいものです。そのため、商品やコンテンツは十分に差別化されています。

　商品は見た目で価値が伝わる宝石なので、魅力が伝わるようなコンセプトビジュアルにはこだわり、ページTOPに配置しました。

　PCでは横長の画像がスマートフォンでは縦長画像に変わるため、PCとスマートフォンで意図した表示を両立させるために手間取りましたが、あとは大きな問題はありませんでした。スマートフォンでの表示にも自動で対応してくれるため、その点でも制作期間が短く済みました。

制作してみての実感

　細かな調整、写真の差し替えなどが簡単にできるので便利です。また、WYSIWYGの感覚で更新できるため、将来お客様側で更新が必要な場合も、学習コストが少なくて済むと思います。

　これからますます進化することが見込まれているツールなので、長期で使う前提でも安心感がありました。

Profile

権 成俊 (ごん・なるとし)

株式会社ゴンウェブイノベーションズ 代表／一般社団法人 ウェブコンサルタント・ウェブアドバイザー協会 代表理事

日本のWebコンサルタントの先駆者として、多くの実績を持つ。集客など「対症療法としてのWeb活用」ではなく、自社の提供する価値から見直す「根本治療としてのWeb活用」を提案。著書に『なぜ、あなたのウェブには戦略がないのか？』（技術評論社）ほか。

Web　　https://www.gonweb.co.jp/

Chapter3
03

ケーススタディ③
STUDIO

ノーコードツールの制約をクリエイティブを刺激するルールと捉え、制作を楽しむのがノーコードツールを最大限に活用するコツです。

執筆者：犬飼 崇（NEWTOWN）

ノーコードツールから受けた影響

ノーコードツールの登場は、Web制作に携わる人たちの中でも特にWebデザイナーの仕事のスタイルに影響を与えたと感じています。私自身もその影響を受けたWebデザイナーの一人です。現在では、ノーコードツールSTUDIOを使ったWebサイトの制作が、**私の仕事全体の6割を超えています。**

この変化のきっかけは、STUDIOを使ってWebサイト「鯛のないたい焼き屋 OYOGE」を制作したことです**[図1][図2]**。SNSで話題となり、STUDIOを使ったWebサイトで十分に成果を出せるという手応えをつかみました。

[図1] 鯛のないたい焼き屋 OYOGE

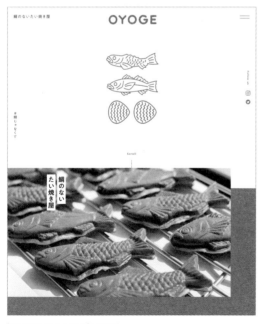

https://oyogetaiyaki.com/

[図2] 制作の概要

使用ツール	STUDIO
利用プラン	CMSプラン（公開時は別名称）
制作期間	3ヶ月（初回納品時まで）
公開開始時期	2021年4月
担当業務	デザイン、実装

はじまりは提案用のプロトタイプ

私がSTUDIOを使い始めたのは、クライアントへのデザイン提案をプロトタイプとして効果的に見せたいという目的からでした。これまで、Adobe XDで制作したデザイン画をクライアントに提示していましたが、より実際のWebサイトに近い印象を提供したいと考えていました。そうした中、SNSでSTUDIOの存在を知り、さっそく試してみました。

はじめに公式動画で基本的な操作方法を学んだ後、実際にプロトタイプを制作しながら使い方を覚えていきました。STUDIOは通常のグラフィックアプリとは異なり、オブジェクトの配置にルールがあるため、最初は少し戸惑ったりもしました。しかし、**オブジェクトを直感的に配置しながら視覚的に操作**することができ、**HTMLやCSSを習得するよりも学習コストがずっと低い**と感じました。

こうしてSTUDIOを使ってデザイン提案のプロトタイプを作成する過程で、**ほとんどのデザインとレイアウトが再現可能である**ことに気づき、STUDIOに手応えを感じていきました。

クライアントワークでのSTUDIOの活用

OYOGEのWebサイトを制作したのは2021年の春頃でした。それ以前にも、知人のWebサイトをSTUDIOで制作することはありましたが、ビジネスとしての本格的な使用はOYOGEが初めてでした。OYOGEの制作にSTUDIOを採用した理由は、**予算の制約内でコストを抑えつつ、印象的なデザインを実現したかった**からです。

例えば、数ページのシンプルなサイトでも、ユーザーがお知らせなどを更新可能にするためのCMSの導入は、サイトの構築費用を増加させます。しかし、**STUDIOのCMS機能を活用**すれば解決できます。

デザイナーがデザインと実装の両方を一人で行えるのも、STUDIOを使用するメリットです。分業している場合、デザインをエンジニアに伝えるための情報を整理する手間が発生しますが、STUDIOの使用により、その手間を省くことができます。さらに、実装を行いながらすぐに確認や調整が可能なため、共有に関するコストと時間を大きく節約できます。

また、新たにサーバーを選定、契約、管理する手間を省ける点も、STUDIOの魅力の一つです。サーバーを契約したことのない人も多いと思うので、このような煩雑な作業がなくなるのはありがたいことですね。

制約からアイデアが生まれる

デザインの面から見ると、STUDIOでの提案用プロトタイプ制作を通して、工夫次第でほとんどのデザインやレイアウトが再現可能であることがすでにわかっていました。もちろん、完全に再現できないデザイン表現も存在しますが、その場合には「その表現でなければならないのか？」を検討します。するとアイデア次第で代替可能なことがあります。むしろ、**代替案を検討する中でおもしろいアイデアが生まれる**ことさえあります。制約をアイデアで飛び越えようとするときにステキなサムシングがひょっこり顔を出したりするものです。

OYOGEのアニメーションにも、この制約から生まれたアイデアが反映されていま

す[図3]。例えば、トップページの**ファーストビュー**で一般的に見られる「写真のスライドショー演出」は、STUDIOでは当時サポートされていませんでした。そこで考案したのが、イラストロゴをGIFアニメーションとして動かすアイデア。ただし、単に動かすだけでは芸がないので、ある一定時間静止した後、動き出す仕組みにして「隠しイベント」感を演出しています。

[図3] **イラストロゴを動かしている様子**

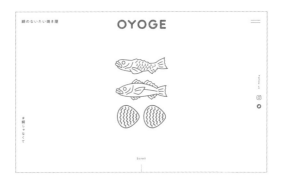

アニメーションを効果的に使った事例

もう一つ事例を紹介します。「日本酒と肴 ふるさと」ではオープニングアニメーションで暖簾が表れ、そのままファーストビューのデザイン要素の一部としてシームレスに組み込まれます[図4][図5]。そして、ユー

ザーがページを下にスクロールすると、暖簾がせり上がり、ユーザーはまるで「暖簾をくぐってお店に入る」という実際の居酒屋の体験をしているかのような感覚を味わえます。

[図4] 日本酒と肴 ふるさと

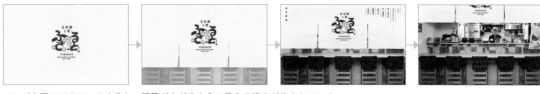

ページを下にスクロールすると、暖簾が上がるように見える演出が施されている
https://sakeate-furusato.com/

[図5] 制作の概要

使用ツール	STUDIO
利用プラン	CMSプラン （公開時は別名称）
制作期間	3ヶ月 （初回納品時まで）
公開開始時期	2021年10月
担当業務	デザイン、実装

どちらの事例も、STUDIOの中でどこまでおもしろくできるかに挑戦していました。ノーコードの制約をネガティブに捉えるのではなく、**クリエイティブを刺激する制約**として受け入れ、それを楽しむのがノーコードツールを最大限に活用するコツだと感じています。

Profile

犬飼 崇 （いぬかい・たかし）

1981年新潟生まれ。多摩美術大学情報デザイン学科卒業。数社のデザイン事務所でグラフィック、エディトリアル、Webのデザインに従事したのち、NEWTOWNを設立。「なるべく、楽しく、無理がなく」をモットーにデザイナーをしています。

Web　　https://newtown.tokyo/

ケーススタディ④
ペライチ

ノーコードツールでありながら、マーケティングに強い「ペライチ」。初心者でも簡単に作ることができ、豊富なオプションも魅力です。ペライチを活用した2つの事例を取り上げます。

執筆者：福岡由佳（福岡デザインオフィス）

短期間で立ち上げた特設サイトの事例

クライアントである株式会社ジョリーブは、環境に配慮した洗剤などの生活雑貨、無添加化粧品などの企画・開発・販売を行っている会社です。コロナ禍にアルコール製剤の需要が高まり、急きょ特設サイトを制作したいとの要望がありました。公開までの時間的な制約から当初からノーコードツールでの制作を念頭に、**ランディングページのような特設サイトを手早く制作できる**こと、**Googleアナリティクスなどの分析ツールを埋め込める**こと、独自ドメインを設定できることから、企業が利用するにも十分な機能を備えている「ペライチ」を提案しました。

[図1] 株式会社ジョリーブ「OEM特設サイト」

https://oem.jollive.co.jp/

[図2] 制作の概要

使用ツール	ペライチ
利用プラン	ビジネスプラン
制作期間	約20日間（初回納品時まで）
公開開始時期	2021年4月
担当業務	ディレクション、制作代行

ペライチを選んだ理由

　ペライチは「ブロック」と呼ばれるパーツデザインの型が決まっているので、よい意味でデザインを細かく考える必要がなく、**ブロックを積み重ねていけばページが完成**します。これにより、スピーディーにWebページを制作することができるのが魅力です。head内に埋め込むコードを記述することができるので、どうしても調整したい箇所があればCSSを記述することもできます。

　それまでにもペライチ制作代行の経験があり、制作のスピード感とその後の運用のしやすさに定評がありましたので、本件における提案に躊躇はありませんでした。強いていえば、パーツデザインの型が決まっているということは、どうしてもどこかで見たようなデザインになってしまうので、色や背景画像に気を遣い、クライアントのブランドイメージにできるだけ近づけるよう工夫しました。また、企業イメージを損なわないよう、独自ドメインの設定は必須にしました。

マーケティングにも効果を発揮

　初回納品までの制作期間は約20日間で、この日数にはクライアントから文章や資料を提供してもらう、チェックを受けるなどの日数も含まれるため、制作者が実際に手を動かした日数は初期設定や公開設定も含め約3日程度です。ページデザインの他に、ページタイトル及びディスクリプション、OGP、Googleアナリティクスとサーチコンソール、ファビコンの設定など、細かい部分にも対応しています。

　公開後は、当初の目的であったアルコール製剤の紹介はもちろんのこと、一年を過ぎた頃からはそれ以外の商品カテゴリが検索結果に表示されるようになり、問い合わせも増えたことから、主力商品を掲載するためにリニューアルを実施。クライアントの企業理念である「天然由来成分へのこだわり×OEM」にて**検索上位に表示され、問い合わせ数も増加**。あきらかな効果が見られクライアントからも好評を得ています。

ペライチを使ったコミュニティサイト

　カラフルクリエイターズは、Webクリエイター向けコミュニティサイトです[図3][図4]。実際のコミュニティ運営は2名で行っているため、**学習コストがかからないツール**としてペライチを採用しました。

　また、公開当初は外部の課金ツールを埋め込む必要があり、ペライチはコードを埋め込むことが容易なのも魅力でした（現在は設置していません）。お問い合わせフォームは未設置ですが、必要があれば設置も可能です。

[図3] カラフルクリエイターズ

https://colorfulcreators-chiba.com/

[図4] 制作の概要

使用ツール	ペライチ
利用プラン	ライトプラン
制作期間	延べ3日間 （初回納品時まで）
公開開始時期	2022年5月
担当業務	ライティング、 制作代行

　当初は個人が開設したペライチアカウントを利用していましたが、二人で編集できるほうがよいので、途中でアカウントを新規開設しページを移転。ペライチは**オプションで「アカウント間ページ複製」ができる**ので、難なく移転できました。これは実はとても便利な機能ではないかと思います。

　ペライチにはほかにもメルマガ、予約機能、決済など、様々なオプションがあります。下位プラン＋必要なオプションだけを契約することもできますし、上位プランにすれば様々なオプションが含まれるので、自身やクライアントの実現したいことに応じて使い分けるとよいでしょう。

Profile

福岡 由佳 (ふくおか・ゆか)

Web制作・コンサルティングを行う福岡デザインオフィスを運営。2013年からWeb制作を開始。納品したら終わりという制作スタイルから脱却し、本当の意味でクライアントに貢献するために徐々に上流工程にシフト。現在は3C分析を基本とするマーケティング調査をもとに、戦略立案や制作ディレクションを行う。

Web　　https://fukuoka.website/

運用管理とマニュアル作成

制作したWebサイトを公開する前に、運用・管理のマニュアルを作ることをおすすめします。誰がどのように更新するのかなど、あらかじめマニュアル化しておくことで、更新が容易というノーコードツールのメリットを活かせます。

公開前の準備

手軽にWebサイトを更新できるノーコードツールのメリットを活かし、運用しながら改善を進めていきましょう。以降は、運用・管理に必要なマニュアルづくりについて解説します。

Webサイトを公開する前の段階で、**Webサイトを誰が更新するか**を決めておきます。また、お問い合わせフォームから問い合わせがあった場合の返信担当者を決めたり、ECサイトや予約サイトなどの場合は、注文が入ってから発送までのフローや、誰がいつ在庫を調整するのかなどの**商品管理や顧客対応**についても、しっかり確認が必要です。また、お問い合わせフォームが動作するかを試したり、テスト注文を行って、システムが想定通り動いているかも確認します。運用する中で、お問い合わせフォームに項目を増やしたり、何か設定を変更した場合も、必ずテスト送信します。

このような重要なポイントさえ押さえていれば、その他は完璧な状態でスタートする必要はありません。**まず始めてみて、少しずつ改善を進めていきましょう。**

バックアップを取る

ツールにより、バージョン管理（編集履歴）機能を備えています **[図1]**。**公開前のバージョンに名前をつけて保存**しておけば、あとで万一サイトに誤って変更を加えてしまった場合も、過去の状態に戻せます。また、**サイトやページごと複製し、保存して**おくのも一つの手です**[図2]**。

バージョン管理機能は、日々の小規模な更新時に役立つのに対し、サイトの複製はサイトオープンやリニューアルなどの大きな節目の状態を保存するのに向いています。

[図1] Wixのバージョン履歴画面

過去の状態を復元できる

[図2] STUDIOのプロジェクト一覧

プロジェクトをバックアップ用に複製できる

2つの運用パターン

　次の2つのパターンのどちらの場合も、**Webサイトを継続して見直せるように、定期スケジュールを組むのがオススメ**です。例えば、毎週水曜日はブログを更新する日と決めたり、毎月頭にWebサイトのページを見直して、更新すべき場所や新しく掲載したいコンテンツがないかチェックするなどです。定期スケジュールとして、カレンダーに登録しておきましょう。

■ クライアントや担当者が運用する

　クライアントの依頼を受けて制作したWebサイトを納品後、クライアントや更新

担当者がサイトを更新するパターンです。ノーコードツールの場合は、このパターンが多くなります。実店舗でお客さまの反応や声を聞いてすぐにサイトに反映できたり、社内会議の結果をその場で反映できるなど、**リアルタイムに改善が進められるメリット**があります。また、会議の場では意見が出てこなくても、日常の雑談の中に改善のヒントが隠れている場合もあります。忘れないうちにサイトに反映してもらうか、「改善したいことメモ」を取ってもらい、アイデアを実践できる習慣を整えます。

担当者が安心してページを更新できるように、**運用マニュアルを作成**して共有します。このマニュアルは、Webサイトの納品時はもちろんのこと、担当者の退職などで引き継ぎが必要になった際にも活躍します。

■ 制作者が運用する

自分のWebサイトを自分で作る場合や、Web制作会社などがクライアントからの依頼を受けて更新するパターンがこれにあたります。**制作者のスキルを活かして**、ヒアリングを行いつつ、コンテンツライティングやデザイン改善などを定期的に引き受けることもあります。

また、積極的な改善が必要ないWebサイトや、クライアントがあまり自分では更新したくないような場合、ツールの使い方を教えるよりも、制作者が更新するほうが**効率よく運用**できます。

▶ マニュアル作りのポイント

マニュアルを作る際は、更新担当者が**よく使うツールで作成する**のがポイントです[図3]。NotionやGoogleドキュメント、相手の社内Wikiなどで共有するほか、紙に印刷してファイリングするなど、相手の都合に合わせた方法で共有します。もし**どれでもOKな場合は、外部リンクや動画を手軽に埋め込めるNotionがオススメ**です。手軽に見てもらえるように、できればマニュアル固有のログインパスワードがいらない手段で共有しましょう。

改善にともなって運用方法も変わっていく可能性があるので、**マニュアル自体も更新担当者が書き換えられるようになってい**るとベストです。

マニュアルには次のようなことを記載しておくのをおすすめします。

- ■ ①ツールへのログイン方法
- ■ ②定期的な更新作業の手順
- ■ ③ツールの公式サポートページや、有人サポートの受け方
- ■ ④制作者の連絡先

③については、更新担当者では対応できない更新が必要になったり、何かトラブルが発生したときのために、ツールのサポートページや、有人サポートへの問い合わせ

[図3] Notionで制作したマニュアルの例

Notion（ノーション）はWebブラウザで編集・閲覧できるアプリ。テキストや画像のほか、リンク機能、タスク管理機能などを備えている
https://www.notion.so/

Wix Studioにはリソースキット機能があり、マニュアルのファイルや操作動画をアップロードして、管理画面に表示できます。その他のツールを利用する場合にも、可能であれば非公開の「更新方法について」ページを設けるなどして、マニュアルのURLを記載しておくと親切です。

手順を記載します。サポートのトップページへの案内だけではなく、今後必要になりそうな情報を何点かピックアップし、リンクを掲載するのもよいでしょう。

④は、更新担当者ではカバーできない内容が発生した場合、相談先として制作者の連絡先情報を記載してきます。

マニュアル制作に役立つツール

マニュアルにはスクリーンショットや操作動画を掲載します。すべての手順を記載するのはたいへんですし、ツールが更新されて操作方法が変わってしまうこともありますが、できる範囲で対応します。

スクリーンショットは、macでは Command + Shift + 4 、Windowsでは 🪟 + Shift + S で撮影できます。また、Shottr [図4] などのスクリーンショット撮影専用ツールを使うと、画像内に番号を振ったり、コメントを入れる作業がラクになります。

[図4] Shottr（mac用）

https://shottr.cc/

　操作動画は、macではQuick Time Player で収録できます。[Command] + [Shift] + [5] の ショートカットで起動でき、オプションか らマイクを選択すれば音声も同時に録音で きます。Windows 10以降ではゲームバーか ら録画でき、[⊞] + [G] で起動できます。操

作動画に関しても、Screen Studio【図5】など の録画専用ツールを使うと、カーソルの大 きさを変更して見やすくできたり、動画を スロー再生にできたりとアレンジが可能に なります。

[図5] Screen Studio（mac用）

https://www.screen.studio/

　操作動画に字幕を入れると、音声が出せ ない状況や倍速再生でも内容を理解しやす くなります。手動で字幕を入れるとなると

たいへんな労力がいりますが、Vrew【図6】 などの自動字幕生成ソフトを使えば、最低 限の手間で字幕入り動画を作成できます。

[図6] Vrew（mac／Windows対応）

https://vrew.voyagerx.com/ja/

オンラインならどこにいても編集できるため、更新やサポートがしやすいのもノーコードツールのよさです。また、制作者自身が更新する場合も、ノーコードなら手早く変更できます。

Web制作会社がノーコードツールを利用すると、収入源が減ってしまうのでは、という声も聞きますが、必ずしもそうではありません。Webサイトの運用は、コーディングやサーバー管理以外にも、お手伝いできることがたくさんあります。クライアントや担当者が運用する場合であっても、大掛かりな変更を加えたいときは、制作者のサポートが力になるでしょう。

STUDIOで
Webサイトを
制作

代表的なノーコードWeb制作ツールの一つ「STUDIO」を使って、Webサイトの制作方法を見ていきます。ログインや管理画面の使い方のほか、画像、テキストボックス、フォームなど、多くのWebサイトで使われる汎用的な要素の作り方を解説します。

ノーコードツールでサイトを制作するためのステップ

Chapter4

01

実際にWebサイトを制作するには、どのようなステップで進めばよいのでしょうか。この章では、ノーコードWeb制作の王道のフルコースを学びます。

▶ ノーコードツールの制作工程

これからご紹介するノーコードツールでサイトを制作するステップ**[図1]**のうち、**必ず必要なのは、「4.制作」「6.公開」の部分だけ**です。プロジェクトによっては、**それ以外のステップを短縮したり、飛ばせます。**極端に言えば、着手から一時間後に公開することも可能です。

[図1] 工程全体図

ステップ	日数
1.目標設定	1日
2.調査	3日
3.制作準備	3日
4.制作	パーツ配置型：1日 自由レイアウト型：3日
5.公開準備	～1日
6.公開	～1日
7.運用	

5ページ程度のWebサイト
を作る場合の最短の目安

とはいえ、まったく初めての状態で、何の準備もなく制作に取りかかっても、何をしてよいかわからなかったり、クライアントの希望を満たせない可能性があります。ただツールの使い方を知って手を動かすだけでは、価値を生むWebサイトは作れません。

そこで、ここでは**しっかりとWebサイトを制作するための、王道の7つのステップ**をご紹介します。

一般に、パーツ配置型のツールの方が短い期間で制作できます。オリジナルデザインを制作したり、ページ数や機能が増えるほど、制作期間が長くなります。**[図1]** の日数はあくまで最短の目安です。実際には、他の業務と並行して進めたり、コンテンツの用意や確認に時間がかかったりするため、これよりも長い制作期間が必要になります。

クライアントへのヒアリングを通じて、Webサイト公開にかかる制作予算やスケジュールなどの目標設定を行います。

■ ヒアリング

まずはクライアントにヒアリングを行い、**Webサイトを作る目的やゴールを明確にします**。なぜ、どんな目的を果たすためにWeb サイトを作るのかを明確にすることで、どのようなサイトを作るべきか、制作の方向性が見えてきます。また、公開後は誰が運用するのか、PCでの更新は可能かなども聞き取ります。制作中も、クライアントへの進捗報告やヒアリングは定期的に行い、目標にズレがなく、進むべき方向に進めているかの認識を合わせます。

■ 予算策定

制作にかかる**初期費用**や、ドメインの**年間維持費用**、ノーコードツールの**毎月の利用料金**などにかけられる予算を決めましょう。写真撮影やロゴ制作などを外注する場合はそれらの費用も必要になります。

■ スケジューリング

着手からサイト公開までのおおまかなスケジュールも決めます。**公開希望日が決まっている場合は、公開日から逆算して予定を組みます**。スケジューリングには**WBS**や**ガントチャート**がよく使われます **[図2]**。WBS（Work Breakdown Structure)はプロジェクトの工程を細分化して書き出したリストで、ガントチャートは日付と各工程を紐付けたスケジュール表です。Notionやスプレッドシート、あるいは手書きなど、自分が扱いやすいツールで作成します。

[図2] WBS／ガントチャートの例

使用ツール：Notion

　調査ステップでは、サイトリニューアル
の場合には現行サイトのアクセス解析を
行って問題点などを把握し、解決策を探り
ます。また、ターゲットや競合などの調査
や利用するノーコードツールの選定なども
行います。

■ アクセス解析

　リニューアルの場合は、既存のWebサイ
トのアクセス解析を行い、ユーザー層や、
PCで見ているユーザーが多いのかスマート
フォンで見ているユーザーが多いのかなど
を調査します。調査結果は、このあとのター
ゲット調査や、デザインや機能の方向性決
めに役立てます。また、ツールによっては
プランごとにPV数（ページの表示回数）の上限
が決まっているため、**現状のサイトのPV数
と比較すればプラン決めにも役立ちます。**

■ ターゲット調査

　ペルソナやカスタマージャーニーマップ
（→P.31）などを作成しながら、**ターゲットに
とってどのようなコンテンツがあれば目標
を達成できそうか**を探ります。

■ 競合調査

　競合となるサービスや商品について調べ
ます。競合をリストアップし、価格やター
ゲット、Webサイトの印象などの**比較表**を
作成します。これらの比較結果から、自社
と競合との差、強みや弱みを導き出したり、
あるいは競合サイトのデザイン構成や導線
のよいと感じる点などを整理し、後のコン
テンツ作りやデザイン制作に活かしていき
ます。調査には、3C分析やSWOT分析など
の**マーケティングフレームワーク**を利用す
ることもあります。
　また、Figmaなどのツールを使い、競合
サイトのスクリーンショットを並べて、掲
載されているコンテンツや導線、色合いな
どの**デザインを比較**します。
　スクリーンショットを並べる際、Figma
の標準設定では大きなスクリーンショット
画像は縮小されてしまいますが、Insert Big
Imageプラグインを使うと元の大きさのま
まで挿入することができます。

▼**参照情報**

Insert Big Image
https://www.figma.com/community/plugin/
799646392992487942/insert-big-image

マーケティングフレームワーク

3C分析は、Customer（市場・顧客）、Competitor（競合）、Company（自社）の3つのCを使って自社をとりまく環境について分析し、マーケティング戦略を立てるためのフレームワークです。

SWOT分析は、Strength（強み）、Weakness（弱み）、Opportunity（機会）、Threat（脅威）の4つの要素で分析するフレームワークで、3C同様に、戦略を立てるために用います。

マーケティングフレームワークにはこれらの他にもたくさんの手法があります。どのフレームワークを利用する場合も、分析だけに留まらず、その結果をWebサイトのアピールや構造設計に生かすことが大切です。

■ デザイン調査

ターゲットや競合調査の結果を踏まえて、制作したいサイトのイメージに近いデザインや、インスピレーション源になりそうなデザインを収集し、**イメージボード**を作成します[図3]。競合調査のスクリーンショットと重なる部分もありますが、こちらは、業種や媒体を問わず、デザインの参考になりそうなものであれば書籍でも写真でも動画でも何でも集めておきます。

[図3] イメージボードの事例

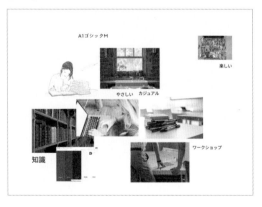

■ ノーコードツール選定

必要な機能や、予算や制作期間、運用方法をもとに、**どのノーコードツールを利用するか選定**します（→P.84）。

ツール選定の参考として、競合サイトをWappalyzer[図4]などのツールで分析してみるとよいでしょう。このツールを使うと、そのサイトがどんな技術を使っているかを推定でき、ツール名がわかります。

[図4] Wappalyzerを使った例

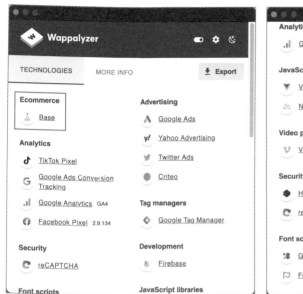

WappalyzerはGoogle Chromeの拡張機能で、Webページで使われている技術やサービスを
一覧表示してくれる。左はBASE、右はSTUDIOを利用しているのがわかる
（一部ツールは判定できないことがある）

3.制作準備

Webサイト制作を行うための準備ステップでは、デザインはもちろん、Webサイトに掲載するコンテンツやコンテンツ構造を把握するためのサイトマップなどを作成します。

■ コンテンツ制作

ターゲット調査の結果をもとに、Webサイトに掲載する内容を作成していきます。**ノーコードでの制作の場合は、画像などのコンテンツはデザインの開始後でも用意しやすい**ため、この段階では**必要最低限の情報を文章中心に**揃えていきます。会社概要、プライバシーポリシー、ECサイトの場合は特定商取引法に基づく表示など、一般的に必要な内容も揃えておきましょう。

■ サイトマップ制作

サイトマップ（→P.33）を作り、Webサイトを回遊しやすくなるように、コンテンツを整理していきます。情報量によって、ページを分割したり、階層化します。情報を適

切に整理すると、ターゲットに内容が伝わりやすくなり、検索エンジンからの評価も得やすくなります。

■ デザイン案出し

テンプレートを使わずにオリジナルデザインで制作する場合は、これまでのターゲット調査やデザイン調査をもとに、各ページのレイアウト案やワイヤーフレーム（→P.34）、配色を決めます。複数パターンを提示したい場合は、一度、この段階でクライアントに提示するとよいでしょう。

4.制作

先に準備したコンテンツやサイトマップをもとに、ページを構築します。ページの本公開前でも、ツールで発行できるURLを共有すれば、制作途中のページをクライアントや関係者に確認してもらうことができます。

■ ツール契約

多くのツールでは、無料プランの状態でデザイン制作を進められます。ただし、一部の機能は有料プランを契約しないと利用できないことがあり、その機能が必要な場合はサイトを制作しはじめた段階で有料契約します。

しかしながら、ツールによっては、一度選んだテンプレートを後から変更できないこともありますので、**有料部分を除く基本的なデザインを有料契約前に行い、クライアントの合意をとっておく**方がよいでしょう。

ほとんどの場合、ツール上のサイトには複数のアカウントを紐付けられるようになっています。クライアントには**クライアント用のアカウントを作成**してもらい、そのアカウントからノーコードツールの利用料金を支払ってもらう形がベストです。

■ テンプレート選定・デザイン制作

・テンプレートを利用する場合

先の調査を踏まえて、ツール上で最適なテンプレートを選び、制作やアレンジを始めます。載せたいコンテンツに合うレイアウトのものを選んだり、機能が近そうなテンプレートを選びます。必要に応じて配色などを変更しながら、画像や文章を入れ込みます。また、載せたいコンテンツに応じて、新しいパーツを挿入したり、パーツをデザインしながらアレンジしていきます。

パーツ配置型のツールの場合は、どのテンプレートから始めても、パーツを挿入してアレンジすることで別のテンプレートと同じ状態を再現できることが多いです。また、自由レイアウト型ツールの場合は、他のテンプレートデザインからパーツをコピーペーストして利用できる場合もあります。いろいろと試しながら、ページを制作していきましょう。

・オリジナルデザインを制作する場合

ツール上で直接制作を始めるか、Figmaなど外部のデザインツールを使って先にデザインを制作し、ツールに入れ込みます。

ツール上で直接デザインする場合、実際のブラウザでの表示を確認しながら、レスポンシブ対応（→P.35）を考慮しつつ制作を進められるため、効率よく制作できます。

一方、外部ツールでデザインを制作する場合は、デザイン制作後に改めてツール上でデザインを再現することになるため、二度手間になり、直接制作と比較すると制作期間が長くなります。また、デザインからノーコードツールに文章を移植する際にミスが生じたり、原稿が二重管理になってしまい、工程が煩雑になります。

ノーコードツールのよさを最大限に活かすには、ツール上で直接制作する方がオススメです。しかしながら、制作会社などで既存のデザイン承認フローをそのままに制作したい場合や手慣れたデザインツールでデザインしたいといった場合は、外部ツールで先にデザインを制作することになります。

・画像のアップロード

ノーコードツールにアップロードしたJPEG形式やPNG形式の画像は、たいていの場合はWebサイト上で表示される際に自動的に最適化されます。このため、**特に画像の縦横の大きさや画質を気にせずにアップロードできます。**

ただし、ツールによってはアップロードできるファイルの総容量に上限があります。**上限がある場合は、写真であればJPG形式、**

COLUMN　　**著作権に注意**

デザインを制作するなかで、類似サイトや競合サイトなどを参考にすることがあります。アイデアやヒントを得るぶんには問題ありませんが、他のサイトに掲載されている画像やテキスト、イラストなどを著作権者に無断で自分のデザイン内で使用することは、著作権侵害にあたるケースが多いです。また、著作権フリーの素材であっても、1サイト内に利用できる数に上限が設けられていたり、商用利用の場合はライセンス料の支払いが必要など、使用条件やライセンスに応じて制限があることも。利用条件をしっかりと確認し、必要な許可やライセンスを取得しましょう。

長辺3200px以下、画質80%程度を目安にアップロードすると、容量を圧迫しすぎず、画質もある程度保てる状態になります。

また、ツールが対応している場合は、ロゴなどのベクター素材はSVG形式でアップロードすると、容量を少なく、どの大きさで表示しても美しく滑らかに表示されます。イラストの場合はPNG形式かSVG形式で保存すると容量を少なく保てる場合が多いです。

いずれの場合も、画像によっては例外的

に容量が増えてしまうことがありますので、実際に異なる形式で保存して容量を比べてみるとよいでしょう。

■ 追加コンテンツ制作

デザインをアレンジするうちに、特定の場所に挿入する画像が必要になったり、文章が必要になったり、追加のコンテンツが必要になることがあります。**ノーコードツールの場合は、共同編集が可能なので、これらの追加コンテンツ制作をスムースに行えます**[図5]。

例えば店舗の画像などを新たに撮影する場合は、**制作途中のサイトをカメラマンに共有して説明**すると、カメラマンもサイトの雰囲気やレイアウトにぴったりの写真を撮影しやすくなります。

また、文章が必要な場合は、**制作途中のサイトをクライアントに共有し、管理画面から直接入力してもらう**と効率よく制作できます。必要な場合は、この時点で作業マニュアルを作りながら、共有します。ツールによっては、文章の書き換えだけができるような、簡易作業専用のモードを用意していますので、クライアントにはこちらを活用してもらうのもよいでしょう。

[図5] STUDIOのコンテンツ編集モード

コンテンツ編集モードでは、文章の書き換えと画像の差し替えのみ行えるため、レイアウトを崩してしまうなどの誤操作を気にせずに編集できる

■ コンテンツ移行

リニューアルの場合は、過去のサイトからブログなどの記事を書き出し（エクスポート）、ノーコードツール上に読み込みます（インポート）。ツールによっては、記事の書き出しや読み込みに対応していないことがあります。その場合は手作業で、ノーコードツール上に記事情報を移行します。記事を移行するにあたり、データの加工が必要になることも多いため、移行する数が数十程度と少ない場合は、1記事ずつ手作業で移行するほうが早く完了できる可能性があります。

▶ 5.公開準備

運用管理とマニュアル作り（→P.103）の内容に沿って、公開準備を進めます。

■ 表示確認

可能な場合は、PCのブラウザのほかに、手持ちのスマートフォンやタブレット端末などで表示を確認してみましょう。ページタイトルやメタ情報（→P.42）などの表示も確認します。

ノーコードツールの場合、デザインが崩れにくいように配慮したコードをツール側で書き出しているため、デザインが崩れることは稀ですが、レスポンシブデザイン設定によっては、意図しないレイアウトになってしまうことがあります。その場合は崩れて見える部分をツールで修正します。

クライアントにも改めてサイトの内容を確認してもらいます。

■ マニュアル制作

サイトの公開後にクライアントがスムースにサイトを運用できるように、マニュアルを仕上げます。

■ 運用テスト

Webサイト公開後に必要となる運用機能のテストを行います。問い合わせ対応などのメールフォームのテスト送信や、テスト注文などを行い、問題なく運用できることを確認しておきます。

■ **バックアップ** ────────────────

利用するノーコードツールにもよりますが、可能な場合は、Webサイト全体のデータを複製してバックアップを取っておきましょう。

6.公開

独自ドメイン（→P.36）を利用する場合はその設定を行い、Webサイトを公開します。

Googleサーチコンソール（→P.40）にサイトを登録し、XMLサイトマップの設定を行い、Webサイトが検索エンジンにクロールされるようにします。また、必要に応じて、アクセス解析ツールも設定します。

さらに、SNSを活用している場合は、SNSアカウントからサイトへのリンクを設定したり、Googleビジネスプロフィールにサイトの情報を追記したりして、サイトへアクセスできるようにしましょう。

POINT

自分のポートフォリオサイトへの掲載用や、記録用として、公開サイトのスクリーンショットを撮っておきましょう。また、html.to.designプラグインを利用すると、完璧ではないものの、公開サイトをFigmaデータに変換して残しておけます。

html.to.design
https://www.figma.com/community/plugin/1159123024924461424/html-to-design

7.運用

公開後の運用では、更新担当者が必要に応じてマニュアルを参照しつつ、コンテンツを更新していきます。プロジェクトによっては、定期的に目標の見直しや調査を行い、コンテンツに手をいれながら運用を続けます。また、年月が経ち、目標に大きな変化が生まれたら、次の目標に合う形でサイトをリニューアルします。

ノーコードツールを使って
Webサイトを作ってみよう

本節では、ノーコードツールの中でも特に日本で人気の高い「STUDIO」を利用して、シンプルなWebサイトを作ってみましょう。

ノーコードツールの学習

ノーコードツールのほとんどは、異なるツールであっても、**共通の概念や操作方法**を持っています。一つのツールを使えるようになれば、他のツールも比較的低い学習コストで使えるようになります。

本節では、ノーコードWeb制作ツールの中でも、**日本発のツールで特に日本人**ユーザーに人気のある「STUDIO」を使って、ノーコードでWebサイトを作る一連の流れを学びます。

まずは**基本操作を覚えてから、気に入ったテンプレートをいくつかアレンジしてみる**と、そのツールの使い方やコツを効率よく学ぶことができます。

制作内容

今回は、架空の勉強会「楽しいSTUDIOもくもく会」の告知や宣伝のためのページを制作します。**[図1]**がここで制作するWebページの完成イメージです。

■ 背景

Aさんは、勉強会「楽しいSTUDIOもくもく会」を企画しており、参加者を募集したいと考えています。申込者や管理者の利便性を考えて、申し込みは外部のイベント情報サイトで受け付けることにしました。

ただし、外部サイトの申し込みページでは画像の挿入などもできず、魅力的な告知をするのは難しそうです。そこで、より多くの人にイベントの内容を知ってもらい、参加してもらうために、告知専用のWebページを制作することにしました。

■ 要件

- ■ 勉強会の告知をしたい
- ■ 申込は外部サイトで受け付けたい
- ■ Google マップを埋め込みたい
- ■ お問い合わせを受け付けたい

　STUDIOの勉強会ということもあり、STUDIOでの制作がよさそうですが、他のプラットフォームも念のため検討してみます。要件から見ると、お問い合わせ以外には動的な機能は必要なさそうですので、**どのプラットフォームでも**制作可能なようです。また、独自ドメインは不要、CMSやアクセス解析などの高度な機能も不要、アクセス数もそれほど多くならなさそうなので、**無料プランで十分**まかなえそうです。

■ デザイン

　暖かな雰囲気を伝えたいので、暖色系でまとめます。落ち着きを表現するために、少しくすんだ色を使います。過去に一度も開催したことがないイベントであり、開催中の様子などの画像素材がないため、まずはフリー素材を活用してビジュアルを制作することにしました。

[図1] 勉強会の告知ページ(LP)

　自由レイアウト型ノーコードツールでの共通の概念となる、**管理画面**と**エディター**、**プロジェクト**などのサイト管理に関する概念や、**ボックス**や**余白**、**レスポンシブ設定**などのレイアウト技術を習得します。

　独学でつまずきがちなポイントをカバーするために、レイアウトの難易度は少々高めに設定していますが、一つ一つ進めていきましょう。

　外部ツールへのリンクや埋め込みを活用しながら、Webサイトを仕上げましょう。

新規登録・ログイン

本節では、STUDIOでWebサイトを制作するために必要な環境と、STUDIOの
アカウント登録の流れについて紹介します。

STUDIOでのWeb制作に必要なもの

STUDIOでWebサイトを制作するには、**パソコン**が必要です。WindowsでもMacでも利用できます。そして、制作作業には、推奨ブラウザの**Google Chrome**を利用する必要があります。Google Chromeは無料でダウンロードできます。

■ Google Chromeをダウンロード

STUDIOでは利用するブラウザとしてGoogle Chromeが推奨されています。利用していない方は、Google Chromeのダウンロードページにアクセスし、「Chromeをダウンロード」ボタンをクリックして入手しましょう**[図1]**。

[図1] Google Chromeをダウンロード

https://www.google.com/intl/ja_jp/chrome/

■ Macの場合

　ダウンロードしたファイルをダブルク
リックします。ウインドウが表示されたら、
Chromeのアイコンをフォルダのアイコンに
ドラッグ＆ドロップします**[図2]**。

　ドラッグ＆ドロップできたら、Launchpad
もしくはアプリケーションフォルダから、
Google Chromeを起動します。

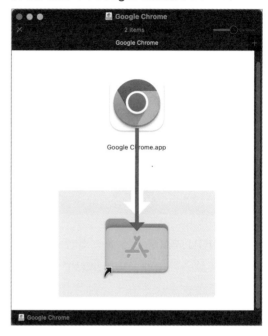

[図2] MacでのGoogle Chromeのインストール

■ Windowsの場合

　ダウンロードしたファイルをダブルク
リックするとインストーラが起動します。
表示される手順にしたがってインストー

ルします。インストールが終わったら、
Google Chromeを起動します。

STUDIOにユーザー登録する

　まずはSTUDIOにユーザー登録しましょう。
Google Chromeを開き、URL欄にSTUDIO

公式ページのURL（https://studio.design/ja）を
入力して、サイトにアクセスします**[図3]**。

[図3] STUDIO

https://studio.design/ja

■ 無料ではじめる

　STUDIOの公式ページが表示されたら、ページの右上にある「無料ではじめる」をクリックします[図4]。

[図4] STUDIO

■ 新規登録画面

　新規ユーザー登録には、Facebookアカウント、Googleアカウント、もしくはメールアドレスのいずれかが必要です。どれを使っても同じように登録、ログインできます。

■ ソーシャルアカウントで登録する場合

　ご自身の使いやすい手段に合わせて、「Facebookで登録」もしくは「Googleで登録」ボタンをクリックしてログインします[図5]。

[図5] ソーシャルアカウントで登録

■ メールアドレスで登録する場合

メールアドレスで登録する場合は、メールアドレス[図6]の1とパスワード2を入力して、「新規登録用確認メール送信ボタン」をクリック3します。

[図6] メールアドレスで登録

続けて、入力したメールアドレスのメールボックスに届いたメールを確認し、「メールアドレスを確認する」ボタンをクリックします[図7]。

[図7] メールアドレスを確認する

これだけです！かんたんですよね。

登録が終わると、初回のログイン時のみ、アンケートとチュートリアルが始まります。

アンケートやチュートリアルの有無、内容はSTUDIOのアップデートによって変更される可能性があります。何も起きない場合はそのまま次のステップに進みましょう。

アンケート

アンケートにはどのように答えてもその後に特に影響することはありません。当てはまるものをクリックして、回答しましょう[図8]。

[図8] アンケートに回答

チュートリアル

チュートリアルでは、STUDIOの管理画面についてかんたんに学べます。「次へ」ボタンをクリックしながら先へ進み[図9]、最後のステップの「完了」ボタンをクリックして終了です。

[図9] チュートリアルを確認

2回目以降のログイン

2回目以降のアクセスや、別のパソコンからログインしたい場合は、STUDIOのトッ プページから「ログイン」リンクをクリックしてログインします**[図10]**。

[図10] 登録後のSTUDIOへのログイン

04 STUDIOの管理画面

STUDIOの管理画面は、大きく分けてプロジェクトリスト、プロジェクトダッシュボード、デザインエディタの3つのエリアで構成されています。本節ではSTUDIOの管理画面について説明します。

STUDIOのプロジェクト

STUDIOでは、Webサイトを**プロジェクト**という単位で管理します。

各プロジェクト内には、大きく分けて**ダッシュボード**と**デザインエディタ**の2種類の管理画面があります。 ダッシュボードでは**主にプロジェクト全体に関する設定**と

CMSの管理を行い、デザインエディタでは**ページのデザイン**や各ページの設定を編集できます。

STUDIO以外のノーコードツールも同じような構成のことが多いです。

まずは、各エリアを確認してみましょう。

プロジェクトリスト

ログイン後に表示される画面を**ワークスペース**と呼び、その中に**プロジェクトリスト**があります。プロジェクトリストは、自分が参加しているプロジェクト（Webサイト）

を一覧で管理できる画面です**[図1]**。

この画面から各プロジェクトに移動できるほか、新しいプロジェクトを作成できます。

[図1] STUDIOのプロジェクトリスト

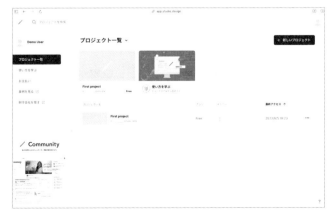

Chapter 4

STUDIOでWebサイトを制作

プロジェクトを作成する

　ワークスペースの右上にある「**新しいプロジェクト**」ボタンをクリックすると、新規プロジェクトを作成できます[**図2**]。

[図2] 新しいプロジェクトを作成

■ テンプレート一覧 ─────

　プロジェクトの作成画面が開きます[**図3**]。この画面では、まっさらな空白のテンプレートのほか、STUDIOで用意されている様々なテンプレートやワイヤーフレームの中から選ぶことができます。

[図3] テンプレート選択画面

■ テンプレートの内容を確認する

次のステップで**空白のテンプレートを選びます**が、まずは、どのようなテンプレートがあるのか確認してみましょう。

各テンプレートにカーソルを合わせると、4つのボタンが表示されます**[図4]**。気になるテンプレートの「詳細を見る」や「プレビュー」ボタンをいくつか押して、内容を確認してみましょう。それぞれ次のような機能となっています。

1 テンプレートの説明ページを開きます。

2 どのようなサイトが作れるのか、プレビューで確認できます。

3 テンプレートを選ぶためのボタンです。有料テンプレートの場合は「テンプレートを購入する」ボタンが表示されます。

4 テンプレートをお気に入りとして保存できます。

[図4] テンプレートの確認

■ 空白のテンプレートを選ぶ

ここでは「空白」のテンプレートをクリックしてみましょう**[図5]**。

POINT

選んだテンプレートは、後から変更することができません。ほかのテンプレートを選んでしまった場合は、もう一度、新しいプロジェクトを作成し、テンプレートを選び直しましょう。無料のテンプレートであれば、プロジェクトは何個でも無料で作成できます。

[図5]「空白」のテンプレートを選ぶ

■ プロジェクト名を入力する

　プロジェクト名として、これから作成するWebサイトの名前を入力します。ここでは、今回作成するページに合わせて「くろねこ事務所」を入力します[図6]。

　「作成」ボタンを押すと、プロジェクトが作成され、次の「デザインエディタ」の画面に移動します。

[図6] プロジェクト(Webサイト)名を付ける

デザインエディタ

　デザインエディタはその名の通り、ページのデザインを行う画面です [図7]。また、新しくページを作ったり、ページの設定を変更したり、Webサイトの公開・更新をこ

の画面で行います。

　デザインエディタで行う変更はすべて自動で保存されます。

[図7] デザインエディタ画面

■ ダッシュボードに移動する

画面左上のプロジェクト名「くろねこ事務所」にカーソルを合わせると、メニューが表示されます。

「ホーム」をクリックして、ダッシュボードに移動してみましょう**[図8]**。

[図8] ダッシュボードに移動

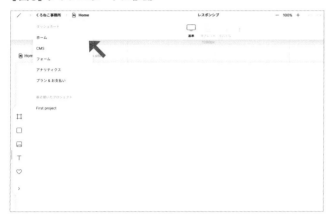

▶ プロジェクトダッシュボード(ホーム)

プロジェクトダッシュボードでは、現在開いているプロジェクトに関する基本的な設定ができます**[図9]**。

上部のメニューからはそれぞれ、プロジェクト全体の設定(ホーム)、CMS、フォーム、STUDIO独自のアクセス解析(アナリティ

クス)、料金プラン設定に遷移できます。

左のメニューからは、プロジェクトへのメンバーの招待や、各種外部サービスとの接続 (Apps)、ギャラリーサイトへの申請(Showcase)が行えます。

[図9] プロジェクトダッシュボード

■ デザインエディタに移動するには

　画面右上にある「デザインエディタ」ボタンをクリックすると、デザインエディタに戻れます[図10]。

POINT

画面サイズが小さい場合は、右端の「デザインエディタ」ボタンが見えないことがあります。
その場合は左上のプロジェクト名にホバーして、「デザインエディタ」をクリックすれば同じ画面を表示できます。

[図10] デザインエディタ画面に戻る

■ プロジェクトからプロジェクト一覧に戻るには

　画面左上にあるピンク色の「／」をクリックすると、プロジェクト一覧に移動できます[図11]。

[図11] プロジェクト一覧に戻るリンク

■ プロジェクトに移動するには

　プロジェクトのカードにカーソルを合わせると、プロジェクトごとのダッシュボード[図12] **1** やデザインエディター **2** の画面に移動できるリンクが表示されます。

　また、ページの下方にある、プロジェクトのリストからもプロジェクトに移動できます。

［図12］プロジェクトカードによる画面移動

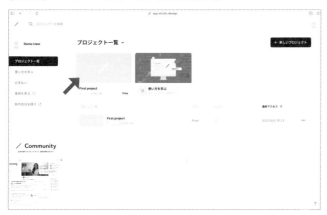
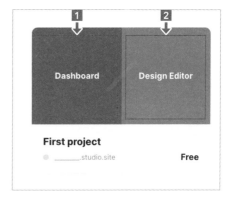

画像ボックスの使い方

本節では、STUDIOの画像ボックス機能を使ってキービジュアルを作成してみます。

画像ボックスを挿入する

まずは、Webページのファーストビューなどに表示するキービジュアル（メイン画像）を作成してみましょう。以下の手順で画像を選び、ページデザインに挿入します。

■ 左パネルを開く

画面左の追加メニューの一番下にある、左パネルボタンをクリックします[図1]。

[図1] 左パネルを開く

■ 追加タブを開く

　画像を追加したいので、左パネル上の追加タブをクリックします[図2]。

[図2] 追加タブを開く

■ Unsplashメニューから画像を探す

　Unsplashメニューをクリックすると、右側に画像の検索欄と検索結果が表示されます[図3]。

　Unsplashメニューでは、素材サイトの「Unsplash」から画像を検索して挿入できます。今回は勉強会のキービジュアル画像を挿入したいので、デスクの上で作業をしている画像を探します。検索欄に**「journaling」と入力し、見つかった画像をスクリーンの上部にドラッグドロップ**します[図4]。

[図3] Unsplashメニューをクリック

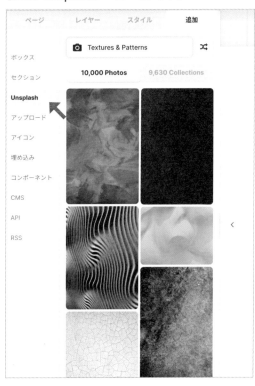

[図4] 画像をスクリーンにドロップ

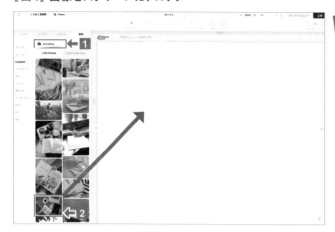

STUDIOでは、画像素材サイト「Unsplash」から画像を検索して挿入できます。Unsplashは英語サイトのため、画像を検索する際には英単語でキーワードを入力すると、たくさん画像がヒットします。今回のチュートリアルはご参考までにキーワードや画像を指定して進めていきますが、**ぜひ、自分好みの画像を探して挿入してみてください**ね。

■ 画像の大きさを調整する

スクリーン上の画像をクリックすると、画像の四隅には、大きさを調整できるハンドルが表示されます。このハンドルをドラッグすると、画像の大きさを調整できます**[図5]**。ここでは、**画像を横いっぱいの大きさ**に変更します。

[図5] 画像の大きさを手動で調整

ドラッグ

ハンドルをドラッグして画像の大きさを調整する

上部のボックススタイルメニューでも画像の大きさを変更できます。数字部分をクリックして直接、横幅と縦幅の数値を入力できるほか、数値の単位を変更できます。

ここでは、キービジュアルの縦幅を画面いっぱいに表示したいので、**単位に「vh」を選び、数値は「100」にします[図6]**。

この設定にすることで、ページを表示した際に、ウインドウの縦幅いっぱいに画像が表示されます。vhの場合、数値はウインドウの縦幅に対するパーセンテージを表し、例えば「50」を設定すれば半分の高さで表示されるようになります。

[図6] 画像の大きさを数値などで調整

ボックススタイルメニューから画像の大きさを変更する

数値の単位

STUDIOでは、CSSで利用可能な単位の一部を利用できます。ボックスの場合は下記の単位を利用できます。

- px　ピクセル絶対値で設定したいとき。ウインドウ幅を変えても同じ大きさで表示したいとき
- %　親ボックスの横幅／縦幅に対する割合で設定したいとき
- auto　自動。ボックス内のコンテンツの幅にしたいとき。
- flex　親ボックスの残りの空間を埋めたいとき（フレックス伸長係数）
- vh　ビューポート（ウインドウ内の大きさ）に対する高さで設定したいとき

ボックスを削除する

ボックスを間違えて挿入してしまった場合は、ボックスを**右クリックしてコンテクストメニューから「ボックスを削除」をクリックすると削除**できます[図7]。もしく

は、ボックスを選択した状態でキーボードで delete キーを押しても削除できます。

また、**画像以外の要素も同じ操作で削除できます。**

[図7] ボックスを削除

画像を入れ替えたい場合

画像を入れ替えたい場合は、**画像をダブルクリック**します。左パネルから、差し替えたい画像を選びます**[図8]**。

[図8] 画像の入れ替え

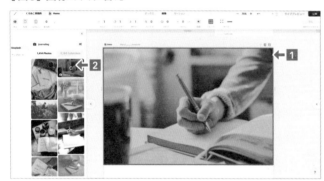

画像をダブルクリックして入れ替える

もしくは、画像を選択中に右パネルボタンをクリックし**[図9]**、右パネルの中のサムネイルをクリックする**[図10]**ことでも入れ替えることができます。

[図9] 右パネルボタンで差し替える

［図10］右パネルから差し替える

右パネルに表示される画像のサムネイルをク
リックし、左パネルから差し替え画像を選ぶ

自分で画像をアップロードしたい場合

　自分で用意した画像をWebサイト内で利用したい場合は、**アップロードメニューを開き、アップロードボタンをクリック**すると画像ファイルをアップロードできます **［図11］**。また、ウインドウ内に画像をドラッグ＆ドロップする操作でもアップロードできます。STUDIOでは、PNG、JPG、SVG、GIF、WebP形式の画像アップロードに対応して

います。

　画像のアップロード後、+をクリックするとスクリーン内に挿入でき、×をクリックすると一覧から画像を削除できます **［図12］**。なお、アップロードメニューで画像を削除しても**ページ上からは削除されません**。ページ上から削除したい場合は、別途、スクリーンからボックスを削除しましょう。

［図11］アップロードメニュー

［図12］画像アップロード後

画像スタイルメニュー

画像を選択した状態で、画像スタイルメニューを開くと、必要に応じて、画像の明るさや色調整、ぼかし加工ができます[**図13**]。

また、「配置」では画像をトリミングする際の起点、「リピート」では小さな画像を繰り返し表示する場合の設定、「サイズ」からは、画像ボックス内で画像をどのようなサイズで表示するかを設定できます。

[**図13**] **画像スタイルメニュー**

ダミー画像を追加するには

追加タブのボックスメニューから、Imageをスクリーンにドラッグ＆ドロップすると、仮置き用のダミー画像を追加できます

[**図14**]。挿入したい画像がまだ決まっていないときは、この画像ボックスを追加すると便利です。

[**図14**] **ダミー画像ボックスを追加**

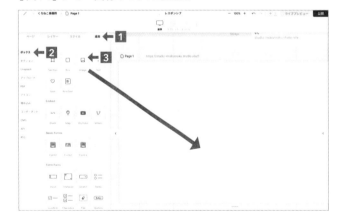

Chapter4
06 テキストボックス

本節では、STUDIOのテキストボックス機能を使って文字を配置し、基本的な
装飾をつけます。

テキストボックスを追加する

　キービジュアルの中に、ページのタイト
ルを作成していきましょう。
　左パネルの追加タブからボックスメ
ニューを開き、テキストボックス（Text）を
キービジュアルの中央にドラッグ＆ドロッ
プして配置します**[図1]**。

[図1] テキストボックスを追加

テキストの色を変更する

　テキストボックスを選択した状態で、テ
キストメニューの「色」をクリックし、パ
レットから白い色を選びます**[図2]**。

[図2] テキストの色を変更

テキストの内容を編集する

　テキストボックスを選択した状態でダブルクリックするか、キーボード `return` を押すと、テキストの内容を編集できます**[図3]**。

　ここでは「くろねこ事務所主催」と入力します。

[図3] テキストの内容を編集

デフォルトフォントを変更する

　プロジェクト内では、Google Fonts、もしくはTypeSquareのフォントの中から、好きなフォントをいくつでも選んで利用できます。

　初期状態では、「Lato」がデフォルトフォントとして選択されています。今回は**TypeSquareの「A1ゴシックR」がデフォルトフォントになるように変更**します。

　テキストメニューのLatoにカーソルを合わせると、**編集ボタンが出現しますので、クリック**します**[図4]**。

[図4] デフォルトフォントのLatoを編集する

左パネルのスタイルタブ、フォントメニューが自動で開きます。**「置き換える」を
クリック**します[図5]。

[図5] フォントを置き換える

TypeSquareを選択し、「TypeSquareを利用」ボタンをクリックします[図6][図7]。

[図6] TypeSquareを選択

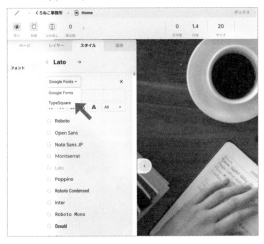

[図7] TypeSquareを利用

たくさんのフォントが一覧に表れますので、目的のフォントがすぐに選べるように、フィルターを選択して絞り込みます。今回は「ゴシック体」で絞り込みましょう[図8]。

[図8] ゴシック体で絞り込む

リストから「A1ゴシック R」を選択すると、デフォルトフォントが置き換わり、スクリーン内の文字も「A1ゴシック R」で表示されるようになります[図9]。

[図9] A1ゴシック Rを選択

文字の大きさを変更する

テキストを少し小さくしたいので、テキストボックスを選択した状態でテキストメニューの「サイズ」にカーソルを合わせ、リストから「18」を選びます（単位はピクセルです）[図10]。

また、数字の部分をクリックすると、直接数字を入力して文字サイズを変更することもできます。直接入力する場合は、半角数字で入力しましょう。

[図10] 文字サイズを変更

テキストボックスを追加する

次に、タイトル部分を作るために、テキストボックスを追加します。

先ほどと同様に、追加パネルのボックスメニューから**テキストボックスをスクリーンにドラッグドロップ**します。**テキストの色を白に変更し、テキストの内容を「楽しいSTUDIOもくもく会」へと変更し、文字サイズを「48」に変更**します[図11]。

[図11] タイトルを追加・編集

フォントを追加する

タイトル部分はより太いフォントで表示したいので、フォントに「A1ゴシック M」を追加します。

タイトルのテキストボックスを選択した状態で、テキストメニューの「フォント」にカーソルを合わせ、**「フォントを管理」をクリック**します**[図12]**。スタイルタブのフォントメニューが開くので、**「Add Font」をクリック**します**[図13]**。

[図12] フォントを管理

[図13] フォントを追加する

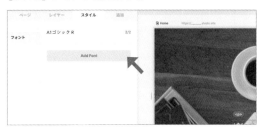

TypeSquareフォントのゴシック体の中から、「A1ゴシック M」をクリックします。これでフォントを追加できました**[図14]**。

[図14]「A1ゴシック M」を選ぶ

文字組みを変更する

ひらがな部分の文字間の隙間が広いのが気になるため、文字を詰めます。

テキストメニューの「文字組み」にカーソルを合わせ、「横書き（文字詰め有）」をクリックします**[図15]**。

[図15] 文字組みを変更

HTMLタグを変更する

HTML文書構造（→P.47）として、「楽しいSTUDIOもくもく会」をページ全体の見出しにしたいため、タイトルのテキストボックスを選択した状態で**右パネルを開き、「タグ」から「h1」を選択**します[図16]。見た目の変化はありませんが、テキストボックスのHTMLタグが変更されます。

[図16] タグを変更

フォントの選び方ガイド

TypeSquareフォントには、それぞれフォント選びのガイドになる文章が添えられています。

TypeSquareフォントを選択する画面にて、各フォント名の横にある「i」マークをクリックすると、フォントに関する情報を閲覧できます[図1]。どのようなコンセプトで作られたかや、どんな場所で使うのに適しているかなどが説明されています。

Google Fontsには解説がありませんが、例えばRobotoについて知りたい場合は「Roboto　フォント」などで検索すると由来を調べられます。

フォントはWebサイトの印象を左右します。ギャラリーサイトによっては、利用しているWebフォントでサイトを絞り込んで検索できるところもあります。同じフォントを利用しているWebサイトを見比べて、どのように利用しているかをチェックしてみるのもオススメです。

[図1] フォントに関する説明が表示される

ボックスとレイヤー

多様なレイアウトや装飾を実現するには、ボックスを活用します。また、レイヤーパネルを使いこなして、ボックスの構造を把握しましょう。

グループ化する

キービジュアル内のテキストのレイアウトや装飾のために、**2つのテキストボックスを1つのボックスの中に入れます。**これをグループ化と言います。また、このとき、テキストボックスが入っているグループボックスを「親ボックス」、内側の要素を「子ボックス」と表現します[図1]。

まず、**2つのテキストボックスを キーボードの Shift を押しながらクリックして選択します。その状態で右クリックして「グループ化」を選択します [図2]。**また、2つのテキストボックスを選択した状態で、キーボードショートカット ⌘ ＋ G （ Control ＋ G ）を押すことでもグループ化できます。

[図1] ボックスのグループ化

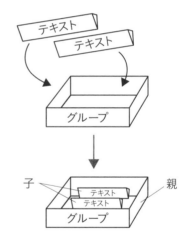

POINT

左パネルの**レイヤータブを開いておくと、レイヤーの構造を確認できて便利**です。レイヤーパネルはキーボードショートカット ⌘ ＋ 2 （ Control ＋ 2 ）でも開けます。

［図2］グループ化前

グループ化後

グループ化すると、2つのテキストが一つのボックスの中に入る。レイヤーパネル上でも、<group>と表示される。

■ グループボックスの内容を表示する

レイヤーパネル上で、グループの左端のトグルアイコン（>）をクリックすると、グループの内容を表示できます[図3][図4]。

［図3］トグルアイコン

［図4］グループの内容表示

■ レイヤーの名称を変える

レイヤー(ボックス)の名称は変更できます。必須ではありませんが、「背景画像」「タイトルボックス」「主催」「タイトル」など、それぞれの目的にあった名前を付けておくと、一覧上で構造を把握しやすくなります。

レイヤーの名称をダブルクリックし、キーボードで名前を入力して[return]を押すと確定できます[図5][図6]。名称はいつでも何度でも変更できます。

[図5] 名称の変更中

[図6] 名称の変更例

（Chapter 4 STUDIOでWebサイトを制作）

▶ ボックスに余白を設定する

STUDIOでは、**マージン、パディング、ギャップ**の3種類の余白を設定できます。

マージンはボックスの外側の余白、パディングは内側の余白、ギャップは子要素の間の余白を表しています[図7]。

マージン・パディングはすべてのボックスに設定でき、ギャップは子要素を持つボックス(親ボックス)にのみ設定できます。

[図7] マージン・パディング・ギャップ

マージン(オレンジ枠のエリア)、パディング(緑枠のエリア)、ギャップ(ピンク枠のエリア)。各エリア内のハンドル(横線)をドラッグすることでも設定値を変更できる。

■ パディングを設定する

タイトルボックスを選択した状態で、ボックスメニューのパディングにカーソルを合わせると、パディングの数値を入力するポッ

プアップが開きます。**パディングの入力欄に「40」と入力**すると、ボックスに40pxのパディングが設定されます[図8][図9]。

[図8] パディングの入力

[図9] パディング設定

■ ギャップを設定する

タイトルボックスを選択した状態で、**ギャップに「8」を入力**して、テキストボックスの間に8pxの余白を作ります[図10]。

[図10] ギャップの設定

背景色を設定する

タイトルボックスを選択した状態で、「**塗り**」にカーソルを合わせます。ここで選択した色が、ボックスの背景色になります。

今回は特定の色を設定したいので、色

コードを数値で入力します。数値入力欄がRGBA表記になっている場合は、横の矢印をクリックして、HEX表記に変更します[図11][図12]。

[図11] RGBA表記の例

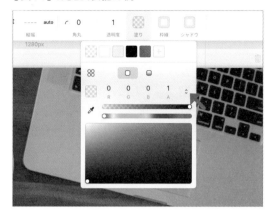

[図12] HEX表記の例

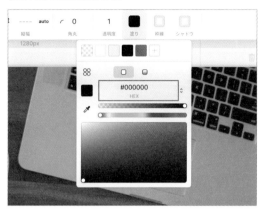

HEX表記に切り替えたら、設定したい色のコード「#594C46」を入力します[図13]。

[図13] 色コードを入力

■ 色をパレットに登録する

　色をパレットに登録すると、プロジェクト内のほかの場所でもすぐに利用できるようになります。

　パレットの一番右にある「＋」ボタンをクリックすると、選択中の色を登録できます[図14][図15]。

[図14] 色を登録する

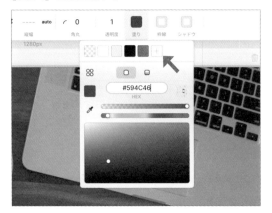

[図15] 色の登録後

■ 背景色を透明にする

背景画像の印象をタイトルボックスにも取り入れたいので、ボックスの背景を透かしてみます。

タイトルボックスを選択した状態で、「**塗り**」にカーソルを合わせます。この状態で、**透明度を変更するハンドルをドラッグ**し、ちょうどよい透け具合に調整します**[図16]**。

POINT

透明度を変更後に、HEX表記がRGBA表記に変わりました。HEXは赤・緑・青の光の三原色を16進数で表す方式で、Webデザインでの色指定によく使われます。RGBA表記は、同じく赤・緑・青（RGB）を表す数値に、透明度（Alpha）を組み合わせて表現する方式です。透明度を表したいときはRGBAを用います。

[図16] 背景色の透明度設定

枠線を設定する

タイトルボックスに枠線を設定します。タイトルボックスを選択した状態で、ボックススタイルメニューの枠線にカーソルを合わせます。枠線の太さに「4」を入力し、色は白、スタイルは二重線を選択します[図17]。

[図17] 枠線の設定

数値の共通化設定

手順のなかで、一箇所に入力した「40」という数値が、上下左右に適用されました。これは、ボックスのパディングの数値が4辺とも同じになるように**共通化**されているからです。パディングやマージン設定の**鍵のマークをクリックすると、共通化の設定を変更できます。**

■ 設定なし：数値を共通化しない。4辺すべてにバラバラの数字を入力できる[図18]
■ 左右／上下：左右と上下の数値をそれぞれ共通化する[図19]
■ 4辺すべて：上下左右すべての数値を共通化する[図20]

[図18] 設定なし

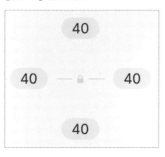

[図19] 左右／上下

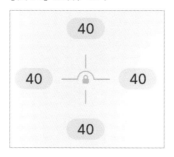

[図20] 4辺すべて

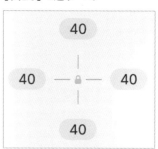

色設定は様々な機能があります**[図21]**。Webサイトで利用する色をあらかじめ決めている場合は、最初に色を登録するとよいでしょう。

[図21] **色設定の様々な機能**

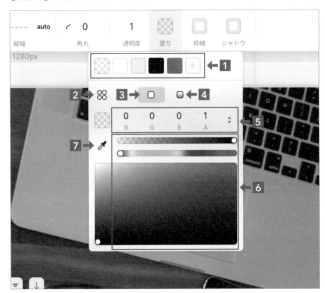

1 パネルに色を登録できる
2 規定のカラースウォッチから色を選べる
3 単色の塗りを設定できる
4 グラデーションの塗りを設定できる
5 カラーコードを文字で直接入力できる
6 視覚的な操作で色や透明度を変更できる
7 画面上から色を抽出できる

レスポンシブ設定

スマートフォンやタブレット端末でも見やすく表示できるように、レスポンシブ設定を行いましょう。

STUDIOでのレスポンシブ設定

STUDIOでは、まず**PCデザインを作成してから、タブレットやスマートフォンの画面にデザインを最適化**していきます。画面幅が一定より狭ければタブレットと判定してタブレット用のデザインを表示し、それよりもさらに狭ければスマートフォンと判定してスマートフォン用のデザインを表示します。

このとき、それぞれのデザインが切り替わる場所(画面幅)を「ブレイクポイント」と呼びます。**ブレイクポイントごとにデザインを設定**していきましょう。

タブレット幅で表示する

スクリーンの外の灰色の部分をクリックして、レスポンシブメニューを表示します。**タブレットをクリック**して、タブレット幅表示にしてみましょう[図1]。

スクリーンの幅が狭くなり、タブレット幅を表す緑の帯が現れ、タブレット表示になります[図2]。

[図1] レスポンシブメニュー

[図2] タブレット幅での表示

■ スクリーンサイズハンドルを使う

[図2] の状態で見る限りでは、タブレット幅でもレイアウトが崩れることはなく、特に問題なさそうに見えます。しかしながら、タブレットといってもすべての機種が同じ横幅ではありません。**さらに横幅の狭い状態でどう見えるかも**確認します。

スクリーンサイズハンドルを使うと、様々な幅での表示を細かく確認できます。**ハンドルを内側にドラッグ**して、画面幅が560px付近の場合にどう見えるかを確認してみましょう [図3]。すると、枠が画面端にくっついているほか、タイトルのフォントサイズを少し小さくしたほうがよいように見えます。

[図3] 狭い画面幅を再現する

余白を変更する

先程の状態で**背景画像レイヤーを選択**し、**左右のパディングを「40」**に設定します [図4]。

[図4] 左右のパディング設定

文字サイズを変更する

タイトルレイヤーを選択し、テキストスタイルメニューから**サイズを「36」に設定**します**[図5]**。

設定できたら、スクリーンサイズハンドルを外側にドラッグしたり、内側にドラッグしたりしながら、見え具合を確認しましょう。

[図5] 文字サイズ設定

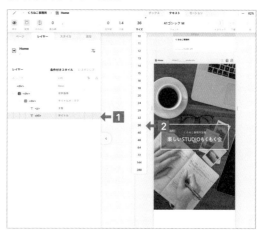

スマートフォン幅で表示する

スクリーンの外の灰色の部分をクリックして、レスポンシブメニューを表示します。

モバイルをクリックして、スマートフォン幅表示にすると、スマートフォン幅を表すオレンジの帯が現れます**[図6]**。

STUDIOのデフォルトのスマートフォン幅のブレークポイントは540pxですが、スマートフォン幅のシェアとしては375px付近が多いため、**スクリーンサイズハンドルをドラッグして375px付近で表示**してみましょう。

[図6] 375px付近の表示

テキストボックスを変更するには

　タイトルが「楽しい」「STUDIOもく」「もく会」と3行にわたって表示されています。ここでタイトルを**一行におさめようとすると、文字サイズが小さくなりすぎてしまいます。**

　「もくもく会」で、一つの単語ですので、できればSTUDIOの後に改行して、「もくもく会」の単語が1行に収まるようにしたいものです。しかし、この状態で**テキストボックスの中で改行しても、レスポンシブ設定としては反映されません。**すべての画面サイズで改行されてしまいます。

　STUDIOでは、レスポンシブ設定として反映できる項目が決まっています。**下記のような内容はレスポンシブ設定できません。**

- 画像の内容(URL)
- テキストの内容や改行
- グループ(レイヤー)の構造

　このため、理想の折り返しを実現するために、ちょっとした工夫が必要になります。

　次のような手順でテキストボックスを変更してみましょう。

❶ PC表示にする
❷ 「楽しいSTUDIOもくもく会」のテキストボックスを「楽しいSTUDIO」「もくもく会」の2つのテキストボックスに分割する
❸ 2つのテキストボックスをグループ化して、子ボックスの並び順を「折り返し」にする
❹ タグの設定を変更する

■ PC表示にする

　グループの構造を変更したいので、いったんPC表示(基準表示)に戻します。スクリーンの外をクリックし、レスポンシブメニューから「基準」をクリックします。

■ テキストボックスを複製する

　タイトルのレイヤーを選択し、スクリーンで右クリックして「ボックスを複製」をクリックします[図7]。また、キーボードショートカット ⌘ + D (Ctrl + D)でも同様に複製できます。

[図7] ボックスを複製

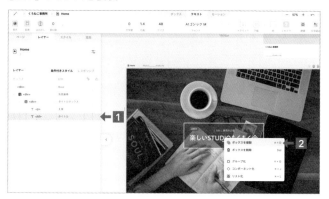

■ テキスト内容を書き換える

複製したテキストボックスの内容を、それぞれ「楽しいSTUDIO」「もくもく会」に書き換えます[図8]。

[図8] テキストを書き換えた状態

■ テキストボックスをグループ化

テキストボックスを横並びの状態にしたいので、 Shift を押しながら2つのタイトルレイヤーを選択し、**グループ化**します[図9]。

[図9] テキストボックスをグループ化

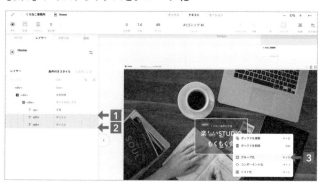

■ 並び順を変更

　タイトルグループ（<group>）を選択した状態で、**矢印にカーソルを合わせます**。この矢印の選択内容によって、子ボックスをどのように並べるかを選べます[図10]。

　今回は、**「折り返し」の矢印を選択**します。折り返しを選ぶと、親ボックスの幅に応じて、子ボックスを折り返して次の行に表示するようになります。

[図10] 並び順設定

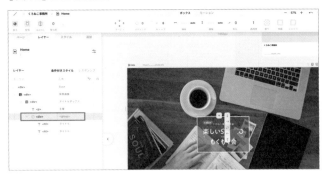

■ ギャップを変更

　タイトルグループに不要なギャップができるので、**ギャップに「0」を設定**します[図11]。

[図11] ギャップ設定

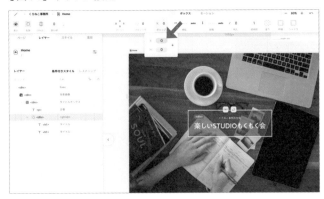

■ タグを変更

　現在、ページのトピックを表すh1タグが「楽しいSTUDIO」と「もくもく会」の2つに分割されてしまっています。より正確に情報を伝えるため、タグを変更します。

　まず、タイトルレイヤーが選択されている状態【図12】**1** で右パネルを表示し**2**、ボックスタブを開き**3**、タグ設定から<span>を選択**4** します。

同様にもう一つのタイトルレイヤーも<span>を選択します。

[図12] タグ設定（span）

さらに、タイトルのグループを選択し、同様に<h1>を設定します**[図13]**。

これで、一つの<h1>タグのなかに「楽しいSTUDIOもくもく会」が収まりました。

[図13] タグ設定（h1）

微調整する

スマートフォン幅でスクリーンを表示してみると、いくつか気になる点が出てきたので、調整します **[図14]**。微調整のため、

特に気にならない方は現状のままでかまいませんし、必ずしも解説と同じ数値に調整する必要はありません。

ややタイトルの行間が広すぎるように感じられるため、**2つのタイトルレイヤーを選択して、行間を「1.2」ほどに狭めます**[図15]。また、**「くろねこ事務所主催」のテキスト**が相対的に大きく感じるので、**サイズを「14」**に変更します[図16]。さらに、行間やフォントサイズを変更したことにより、主催とタイトルの間の余白が狭く感じるようになったため、タイトルボックスのギャップを「10」に変更します[図17]。

[図14] 調整前後の比較

[図15] 行間設定

[図16] 文字サイズ設定

[図17] ギャップ設定

レスポンシブ設定を確認する

レスポンシブハンドルをドラッグして、スクリーン幅を広げたり狭めたりして、**どの幅でもきれいに表示されているかを確認**しましょう。

とくに凝ったレイアウトの場合は、すべての幅で完璧にキレイに表示しようと思う

となかなか難しいものです。この難しさは、コードを書く場合でもノーコードでも変わりません。ときには妥協が必要なこともありますが、できる限りキレイに見えるように設定してみましょう。

COLUMN

ライブプレビューを活用しよう

ライブプレビュー機能を使うと、自分が持っているスマートフォンやタブレット端末で、デザインをリアルタイムに確

認できます。エディター右上にある「ライブプレビュー」ボタンを押して、URLやQRコードからアクセスしましょう。

ボックスの並び順設定

親ボックスを選択した状態で矢印から設定を変更すると、子要素の並び方を変えられます [図18]。

[図18] 並び順設定

1 縦並び、デフォルトの設定です。
2 横並びにする。子ボックスの合計幅が親ボックスより広くなる場合、子ボックスの横幅を縮小して親に収める。
3 横並びにし、子ボックスの合計幅が親ボックスより広くなる場合は、子ボックスを折り返す。
4 子要素を逆順の横並びにする。
5 子要素を逆順の縦並びにする

ボックスの配置設定

親ボックスを選択した状態で配置アイコンから設定を変更すると、子要素の配置を変えられます[**図19**]。

バリエーションがたくさんあるため、本書ではこの後のページで一部のみご紹介しますが、子要素が複数列、複数行ある場合にどこにどのように配置するかの位置関係を指定できます。

[図19] 配置設定

Chapter4
09
セクション

本節では、STUDIOのセクションボックス機能を使って、Webページを整理、区分しながらコンテンツを作っていきます。

セクションボックスを配置

左パネルの追加タブ、ボックスメニューから「セクション」をスクリーン内のキービジュアルより下にドラッグ＆ドロップします[図1]。

[図1] セクションボックスを配置

余白を設定する

セクションボックスも、ボックスと同じようにマージンやパディングを設定できます。セクションを選択し、今回は上下のパディングを「80」、左右のパディングを「24」に設定します[図2]。

[図2] パディング設定

横幅を設定

　セクションボックスが通常のボックスと異なるのは、**ボックスの中に配置するコンテンツの最大幅を設定できる**ことです。通常のボックスは、中のコンテンツはボックス幅いっぱいに表示されますが、セクションボックスは中のコンテンツの最大幅を設定できるので、特にPC表示のデザインを組みやすくなります。

　セクションを選択し、横幅に**「680」を設定**します[図3]。

[図3] 横幅設定

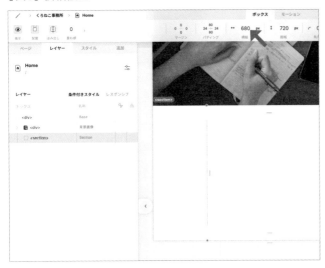

Chapter4

10 リッチテキストボックス

リッチテキストボックスを使うと、テキストの一部を別の装飾に変更できます。太字にしたり、アンダーラインを付けたりできます。

リッチテキストボックスを配置する

セクション内の上部に、追加タブのボックスメニューから**リッチテキストボックスをドラッグドロップ**します[図1]。

[図1] リッチテキストボックスを配置

■ テキストを編集する

リッチテキストボックスをダブルクリックすると、テキストを編集できるモードになります [図2]。不要なテキストをドラッグして選択して削除し、必要なテキストを入力します [図3]。入力できたら、esc を押すか、他の場所をクリックして、リッチテキスト編集モードを抜けます。

POINT

リッチテキストボックス内では、Return で改段落、Shift + Return で段落内改行になります。

Chapter4

STUDIOでWebサイトを制作

[図2] リッチテキスト編集モード

[図3] テキスト入力

フォント設定を変更する

リッチテキストボックス内の文章を1回クリックします。**段落が選択され、左端に<p>が表示されている状態**になります。この状態で、テキストスタイルメニューから、**サイズ「18」、行間「1.8」、配置を中央揃え**に変更します[図4]。

[図4] フォント設定

太字とアンダーライン

文章を太字にしたり、アンダーラインを引いてみましょう。

文章をダブルクリックしてリッチテキスト編集モードに入り、「STUDIOを使ってみましょう」部分を**ドラッグして、太字を表す「B」をクリック**します [図5]。この時点では太字になりませんが、後で設定するので、ご安心ください。

[図5] 太字設定

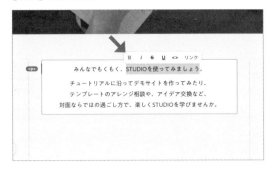

次に、アンダーラインを引いてみます。文字をドラッグして、アンダーラインを表す「U」をクリックします。

編集できたら、[esc]を押して編集モードを抜けます。

[図6] アンダーライン設定

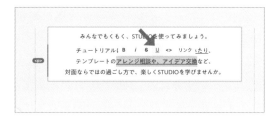

太字とアンダーラインの設定変更

太字とアンダーラインの装飾を変更して、よりわかりやすいデザインにしましょう。

■ 太字設定

さきほど太字を設定した「STUDIOを使ってみましょう」のあたりを、**ゆっくりめに2、3回クリック**します。そうすると、該当部分が<strong>で囲まれます[図7]。これで太字部分が選択できているので、**フォントスタイルメニューから「A1 ゴシック M」を選択**すれば太字になります[図8]。

[図7] <strong>表示

[図8] 太字フォントの設定

■ アンダーライン設定変更

次にアンダーラインをマーカー風に変更します。

「デモサイトをつくってみたり」のあたりを、**ゆっくりめに2、3回クリック**します。そうすると、該当部分が<u>で囲まれます。これで下線部分が選択できているので、まずは**デフォルトの下線表示をいったん消す**ために、テキストスタイルメニューの下線で**「下線なし」を選択**します[図9]。

次に、**インラインスタイルメニュー**を開き、塗りを「#FFEF9A」に設定します[図10]。

[図10]のままでもよいですが、さらにマーカーをアンダーライン風に変更します。デフォルトの下線設定では太いアンダーラインを設定できないので、裏技として**グラデーション背景を活用してアンダーライン風に見せます**。

まずは**グラデーションボタンをクリック**して、塗りをグラデーションに変更します[図11]。

[図9] 下線設定

[図10] 下線に色を付ける

[図11] グラデーション設定

グラデーションバーの右にある矢印をク
リックして、グラデーションの方向に「0」を
入力します[図12]。

[図12] グラデーションの方向設定

　グラデーションバーの4分の1程の場所を
クリックしてアンカーを打ち[図13] **1** 、カ
ラーをHEX表記に変更し **2** 、「#FFEF9A」
を入力します。

[図13] グラデーション設定

先ほどグラデーションバーで入力した点の
すぐ右をクリックしてアンカーを打ち【図14】
1、今度は透明度を「0」(一番左)にします。

[図14] 透明度設定

この時点でアンダーライン風の見た目に
なりましたが、一番右のアンカーに透明で
はなく不透明な白が設定されているため、
テキストの背景が白以外に設定されている
場合には白背景が表示されて不格好になっ
てしまいます。

そこで、グラデーションの一番右のアン
カーをクリックして、透明度を「0」にしてお
きます【図15】。これでアンダーラインの完
成です。

[図15] 透明度設定

Chapter4
11 画像とテキストのアレンジ

本節では、画像やテキストを装飾して、魅力的なデザインを実現します。

画像を装飾する

画像ボックスをセクション内に追加します。Chapter4-05（→P.136）ではUnsplashメニューから画像を追加しましたが、このようにボックスメニューからも追加できます[図1]。

[図1] 画像ボックスを追加

ドラッグ＆ドロップ

画像のサイズを横「200px」、縦「200px」の正方形にします。**角丸を「50%」**に設定すると、画像を丸く切り抜いて表示できます[図2]。

[図2] 画像を丸く切り抜く

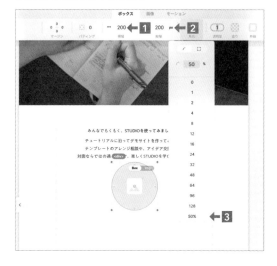

画像の枠線を「4px」、スタイルは二重線を選択し、色は茶色を選択します[図3]。

[図3] 画像を装飾する

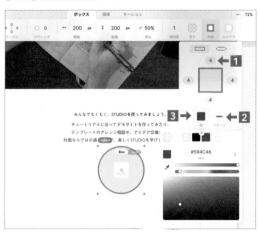

テキストを装飾する

ラベル風の装飾テキストを作成します。まず、**テキストボックスをセクション内に追加**します[図4]。

[図4] テキストボックスを追加

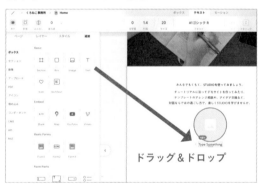

テキストボックスを選択している状態で**ボックススタイルメニュー**を開き[図5] **1**、左右のパディングを「16」に設定します。塗りは茶色を選択します。さらに、シャドウの設定で、左から4番目のくっきりしたシャドウを選択します。

[図5] ボックス設定

テキストスタイルメニュー[図6]■1■を開いて、フォントは「A1ゴシック M」、色は白を選択します。

[図6] テキスト設定

ネガティブマージン

複数のボックスを重ねた状態で表示したい場合、いくつか方法がありますが、今回の画像とテキストの例ではネガティブマージンを利用します。マージンには負の値も入力でき、それを利用すると画像の上にテキストを重ねられます。

今回はテキストボックスの上の**マージンとして「-16」を入力**します。マイナスも含めて、半角で入力します[図7]。

[図7] マージンに負の値を入力

ボックスを傾ける

ラベル風に見せるため、テキストボックスを少し傾けます。**モーションスタイルメニューを開き[図8]■1■、回転に「-4」を入力**します。また、モーションスタイルメニューを開いた際に表示されるピンクのハンドルをドラッグすることでも角度を変更できます。

[図8] 回転設定

STUDIOでWebサイトを制作

レイアウトする

画像とテキストのセットができたので、これからこのセットを3つ横に並べます。

まず、**テキストと画像を** Shift **で同時選**

択し、**グループ化**します[図9]。グループ化できたら、グループを2回**複製**して、計3つの状態にします[図10]。

[図9] グループ化

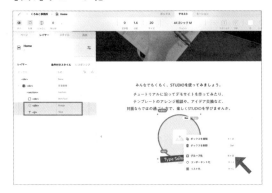

[図10] グループを複製した状態

3つのグループを横に並べたいので、**3つのグループを** Shift **を押しながら選択し、さらにグループ化**します[図11]。

[図11] 3つグループをさらにグループ化

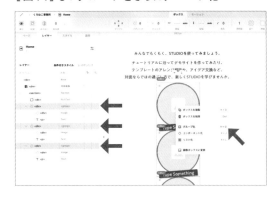

グループ化できたら、**並び順を折り返しに設定**します[図12]。

[図12] 並び順設定

グループの間隔を調整するため、**ギャップ**を「**16**」に設定します[図13]。

[図13] ギャップを設定

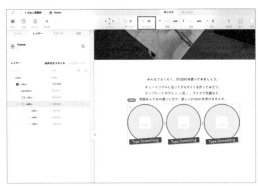

セクションレイヤーを選択し、**ギャップに「64」を入力**して、リッチテキストと画像の間に余白を設けます。さらに、**セクションの縦幅を「auto」に設定**して、コンテンツの内容に応じてセクションの縦幅が伸縮するように設定します[図14]。

[図14] セクション設定

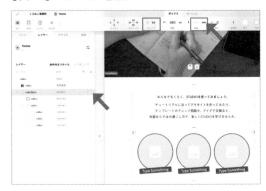

レスポンシブWebデザインの基本は縦auto

　コンテンツを囲むセクションやボックスの縦幅は原則としてautoを設定します。

　しかしながら、STUDIOでは小さなボックスの中にそれよりも大きなボックスは入らないという制約があるため、中にボックスを入れられるように、あらかじめpxで大きめの縦幅が設定してあったり、あるいは自分で縦幅を広げる際にpxに設定されてしまうことがあります。この設定をそのままにすると、レスポンシブ設定の際に縦幅から溢れたコンテンツが途切れてしまったり、予期しない表示になってしまうことがあります。特別な理由がない限り、縦はautoに設定し直しましょう。

画像やテキストを変更する

　丸い画像ボックスをダブルクリックして、画像を変更します。画像はそれぞれ「study」「blocks」「jump」のキーワードで検索しました。また、テキストボックスの文字を「学べる」「試せる」「身につく」に変更します**[図15]**。

［図15］画像とテキストを変更

レスポンシブ設定

必要に応じて、レスポンシブ設定を行いましょう。

スマートフォン幅では中央寄せの複数行のテキストは読みにくいため、リッチテキストの<p>の設定から配置を左寄せに変更します。また、行間を「1.6」に狭めます【図16】。

［図16］レスポンシブ設定

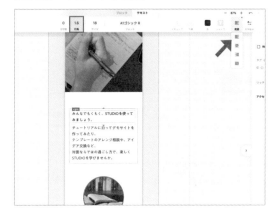

12

コンポーネント

同じデザイン設定をWebサイト内で再利用できるコンポーネント機能を使って、ページ制作を便利にします。

スクリーンを広げる

新しいセクションを作るにあたり、スクリーンの縦幅が足りない場合は、一度スクリーン外の灰色のエリアをクリックしてから、**下部のスクリーンサイズハンドルをドラッグ**してスクリーンを広げましょう[図1]。この作業は、縦幅が足りなくなった際に、都度、行います。

[図1] スクリーンを縦に広げる

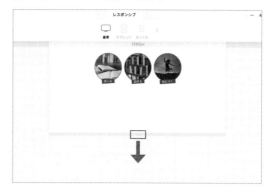

コンポーネントを作る

プロジェクト内で、パーツを共通化できる「コンポーネント」を作りましょう。

■ セクションを挿入

新しい**セクション**をスクリーンにドラッグ&ドロップし、**パディングを縦60、横24、横幅**を「**680**」、**塗り**を「**#F7F4F5**」に設定します[図2]。

[図2] セクション設定

■ 見出しを作成

　テキストボックスをスクリーンにドラッグ＆ドロップし、「こんな方に」という見出しを作成します。**行高は「1.2」、サイズ「36」、フォント「A1ゴシックM」、そしてタグに<h2>**を設定します[図3]。

[図3] テキスト設定

コンポーネント化

　この見出しは、同じデザインをWebページ内の複数個所で使います。そこで、この見出しをコンポーネント化して、**色やフォントサイズ設定などのデザインを共通化**できるようにします。
　見出しを右クリックして「コンポーネント化」を選択します[図4]。

[図4] コンポーネント化

　コンポーネント名に「見出し」と入力します[図5]。また、**プロパティの「こんな方に」をクリック**し、プロパティを有効化します。その後、**コンポーネント作成ボタンをクリック**します。

[図5] コンポーネント設定

　コンポーネント設定が終わると、キャンバスに戻ります。レイヤーパネルを見ると、見出しレイヤーが紫色に変わり、コンポーネント化されたことがわかります[図6]。

[図6] コンポーネントレイヤー

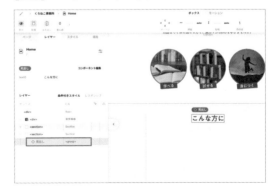

コンポーネントを使うには

コンポーネント化すると、追加タブのコンポーネントメニュー内に、コンポーネントとして追加されます **[図7]**。利用したい場所にドラッグ＆ドロップすると使えます。

また、コンポーネント化されている見出しを複製しても利用できます。

[図7] コンポーネント一覧

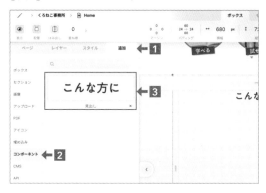

テキストを書き換える

スクリーン内のコンポーネントをゆっくり目にクリックしてテキストを選択して書き換えるか[図8] **1**、コンポーネントを選択した状態でレイヤータブを表示して、プロパティの値を書き換えます **2**。

[図8] テキストを変更

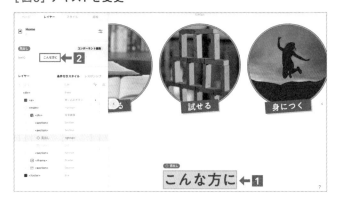

Chapter4

13 アイコンボックス、リスト

よくあるアイコンはアイコンボックスを活用してデザインします。リストを使って、繰り返しのデザインの制作を効率化します。

▶ アイコンボックス

アイコンボックスは、一般に「アイコンフォント」と呼ばれるもので、**エディター上でアイコンの色を変更できる**ことが特徴です。

STUDIOではMaterial IconsとFont Awesomeの2種類のアイコンセットを利用できます。

■ アイコンを追加

左パネルの追加タブからアイコンメニューを開きます。Material Iconsが選択されている状態で、検索ボックスに「check」と入力してチェックボックスアイコンを探します。探せたら、**アイコンをスクリーンにドラッグドロップ**します[図1]。

[図1] アイコンを追加する

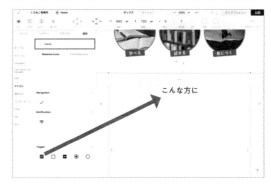

■ アイコンの色を変更

アイコンスタイルメニューから、**アイコンの色を「#9B1D2C」に変更**します。また、あとで使えるように、この**色をパレットに登録**しておきます[図2]。

[図2] 色変更と登録

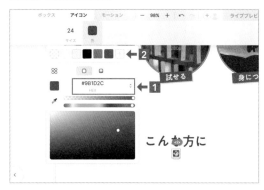

■ テキストを追加

テキストボックスを追加し、内容を「**STUDIOを使ってみたい**」に書き換えます。また、**サイズを「14」に変更**します[図3]。

[図3] テキストを追加

■ アイコンとテキストをレイアウト

アイコンとテキストを横並びにします。まず、**アイコンとテキストを選択し、グループ化**します。次に、**親グループを選択し、ボックスの並び順を横並び（→）**にします。最後に、アイコンとテキストの隙間をあけるために、**ギャップに「12」を設定**します[図4]。

[図4] アイコンとテキストを横並びにする

作成した部品はアイコンと文字のリストとして利用したいため、部品をリスト化します。**リスト化すると、項目のデザインを一括で変更**できるようになります。

親ボックスを選択して、スクリーン上で**右クリックして「リスト化」を選択**します[図5]。⌘＋L（Ctrl＋L）のショートカットでもリスト化できます。

[図5] リスト化する

リスト化されると、**項目が2行に増え、<ul>の親レイヤーの中に入ります**[図6]。

[図6] リスト化された状態

■ リストのレイアウト

\<ul\>を選択した状態で [return] **を押し、リスト編集モード**に入ってみましょう。

リスト化される際に、自動的に\<ul\>レイヤーにパディングが追加されるため、これを「0」にします。合わせて、ギャップを「16」に設定して項目の間隔を開けます。また、横幅を「100%」にします。さらに、スクリーンにて、子ボックスの配置を「左上から」に変更します[図7]。

[図7] リストのレイアウト

■ リスト項目の編集

リスト編集モードに入った状態では、レイヤーパネルから項目の内容を編集できます[図8]。

新しい項目行を追加したり**１**、それぞれの内容を変更**２**できます。行の内容を編集して書き換えてみましょう。

編集できたら、[esc] を押して、**リスト編集モード**を抜けます。

[図8] リスト項目の編集

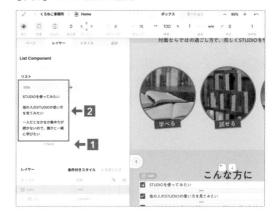

レイアウト編集

現状では、スマートフォンなどの幅の狭い端末で表示した時に、表示が崩れてしまいます。

[図9] は、アイコンとテキストを横並びにした結果、長いテキストの内容が親ボックスの横幅を超えてしまい、溢れてしまっている例です。また、テキストはデフォルトでは中央寄せになっているため、左寄せに変更する必要があります。

[図9] レイアウト崩れの例

■ 子ボックスの横幅を変更

<li>のレイヤーを選択し、幅を「100%」に設定［図10］ **1** します。

中央寄せになっているテキストやアイコンの配置を修正するため、子ボックスの配置を左上からに変更します **2** 。

［図10］横幅を変更

■ テキストの横幅を変更

次に、テキストボックスの横幅を「1 flex」に変更します［図11］。STUDIOの幅「1 flex」は、**設定した項目で空間を埋める**設定になります。この場合は、親の<li>ボックスの横幅からアイコンボックスの横幅を引いた数値が、テキストボックスの横幅に設定されます。

［図11］テキストの横幅

続けて、テキストを左寄せに変更しましょう［図12］。

［図12］テキストの配置

■ セクションの縦幅を設定

仕上げに、**セクションの縦幅をautoに変更**し、縦幅を整えます。また、見出しとリストの間に余白を追加するために、**ギャップを「20」に設定**しましょう[図13]。

これで、スマートフォン表示でもキレイにレイアウトされるようになりました[図14]。

[図13] セクションのレイアウトを整える

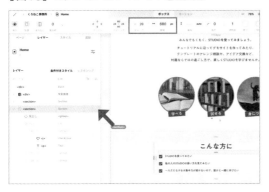

[図14] スマートフォン表示

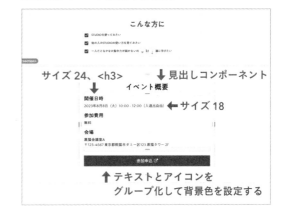

イベント概要セクションを作る

これまでに学んだ内容を活かして、**「イベント概要」セクションに挑戦**してみましょう[図15]。「こんな方に」のセクションを複製して、背景を白に変更するところから始めるとよいでしょう。

参加申し込みボタンは、**テキストとアイコンをグループ化して作成**します。アイコンはFont Awesomeアイコンからexternalで検索すると見つかります。ボタンからのリンク方法はChapter4-16（→P.201）で説明します。

[図15] イベント概要の作成例

POINT

複数の手法で同じレイアウトを実現できます。余白一つとっても、マージンやパディング、ギャップなど複数の方法で設定できます。制作方法は人それぞれで、絶対的な正解はありません。作りながら試行錯誤するのは、作る楽しみの一つでもあります。
手順の参考例は下記からご覧いただけます。
https://nocode-book.com/sample

Embedボックス

Embedボックスを活用すると、外部サービスが提供する様々なコンテンツを
ページ内に埋め込みができます。

Embedボックス

Embedボックスを使うと、Googleマップ
やYouTubeなど、様々なサービス上で発行
できる「埋め込みコード」をWebページ内に
埋め込むことができます。

■ Google マップを埋め込む

左パネル、追加タブの埋め込みメニュー
から、**Google Mapsを選択し、地図をスク
リーン上にドラッグ&ドロップ**します[図1]。

[図1] 埋め込みを追加

ドラッグ&ドロップ

■ マップを調整する

ボックスの**横幅を「100%」、縦を「320px」**
ほどに整えたら、**右パネルを開きます**[図2]。
現在は初期設定の地図が表示されていま
すので、会場の地図に変更してみましょう。
今回は架空のイベントなので、お好きな場
所を選んでください。

[図2] ボックススタイルを変更

■ Googleマップでコードを発行する

　Googleマップにアクセスします。会場に設定したい場所の詳細情報を開き、「**共有**」をクリックします[**図3**]。

［図3］共有を開く

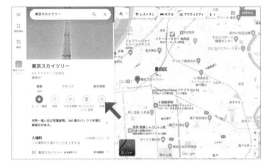

Google マップ
https://www.google.co.jp/maps/

「**地図を埋め込む**」タブをクリックし[**図4**] **1**、「**HTMLをコピー**」をクリックします **2**。

［図4］HTMLコードをコピー

■ 埋め込みコードを書き換える

　埋め込みコード内の**記述を全部消して**、さきほどコピーしたコードをペーストします[**図5**]。コードの外をクリックして変更を確定すると、地図が書き変わります。

［図5］コードを書き換える

「埋め込み」メニューにある、Googleマップやアーアが以外のサービスのコードも埋め込めます。

追加タブのボックスメニュー、Embedの中にある**Blankボックスをスクリーンにドラッグ&ドロップ**します[図6]。

[図6] Blankボックス

右パネルを開き、**埋め込みコード欄に、外部サービスのコードを入力**します[図7]。

ボックスの大きさや塗りなどを調整して、見栄えを整えれば完成です。

[図7] 外部サービスのコードを入力

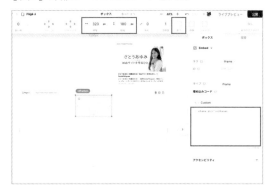

内容物に応じて縦幅を調整する

外部サービスのフォームを埋め込む場合など、**内容物の縦幅に応じてボックスの縦幅を変えたい場合は、縦幅に「1 flex」を設**定します[図8]。

[図8] 1 flex 設定

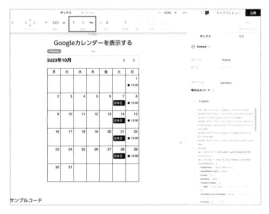

15

フォーム、プレビュー

メールフォームを作成して、お問い合わせができるようにします。ライブプレビューを使い、Webサイトの公開前にテスト送信を行います。

▶ 問い合わせセクションの作成

「こんな方に」のセクションを複製し、地図セクションの下までドラッグして、「お問い合わせ」用のセクションを作成します。

■ 背景画像を設定する

画像背景にするために、お問い合わせ用セクションを選択し［図1］**1**、右パネルを開き**2**、ボックスタブのメニューから「画像ボックスに変換」を選択**4**します。

[図1] 背景ボックスに変換

右パネルの画像のサムネイルをクリック［図2］**1**すると、画像を差し替えられます。

「mail」のキーワードで画像を検索し**2**、背景に設定したい画像を選択**3**します。

[図2] 画像を差し替える

■ 画像を加工する

背景画像を暗く加工して、上に重なる予定の白いテキストを読みやすくします。

セクションを選択した状態で画像スタイルメニューを開き、**明るさを「0.6」に設定し**ます[図3]。

[図3] 画像スタイルメニュー

コントラスト調整、ぼかしやセピア加工なども加えられる。

■ セクション独自の見出し設定

このセクションは背景を暗くし、テキストを白くします。見出しは**コンポーネント**になっているため、ここで見出しの色を変更すると、すべてのセクションの文字が白になってしまいます。

そこで、まずは見出しの**コンポーネントを解除して、通常のボックスにしてからテキストの色を白に変更**します。

見出しを選択し、右クリックして「コンポーネント解除」を選択します[図4]。

[図4] コンポーネント解除

コンポーネントを解除すると、テキストの割当ても解除されるため、テキストが「(No Data)」表記に変わります。**右パネルを開き、テキストの内容をいったん削除し、「お問い合わせ」に書き換え**ます。

また、テキストスタイルメニューから、テキストの色を白に設定します**[図5]**。

[図5] テキストを変更する

■ フォームを挿入する

左パネルの追加タブ、ボックスメニューのBasic Formsから、**Form1をスクリーンにドラッグ&ドロップ**します。このセクショ

ンのリスト項目は不要なので削除しましょう**[図6]**。

[図6] フォームを挿入

フォーム内容を編集する

フォーム(<form>レイヤー)を選択すると、フォームの機能に関する設定を行えます。

■ フォーム名を変更

　右パネルを開き[図7]**1**、まずは**フォーム名を「form1」から「お問い合わせ」に変更2**しましょう。これは後にダッシュボードで表示されるフォーム名になります。

　変更できたら、各項目の内容を編集します。まずは**Nameをクリック3**します。

[図7] フォーム設定

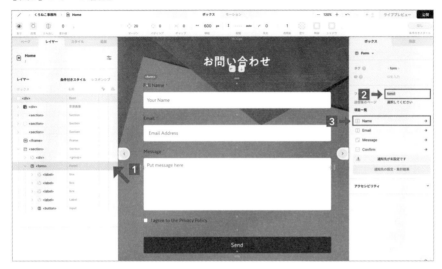

■ 各項目の内容を調整

　Nameの項目名に、**項目の名前を入力[図8]1**します。また、**入力必須項目になっているかを確認2**し、**プレースホルダーにサンプルテキストを入力3**します。

　入力できたら、再び<form>レイヤーを選択して、他の項目も設定します。Emailをメールアドレスに、Messageをコメントに変更します。

[図8] 項目設定

POINT

> ここで入力した項目名は、ダッシュボードに表示されます。項目名を変更してもデザイン上の項目名は変わりません。また、必須項目もチェックしてもしなくてもデザイン上の表示は変わりません。プレースホルダーのみ、変更がデザイン上に反映されます。

今回はプライバシーポリシーの確認は不要なので、プライバシーポリシーのボックスを削除します**[図9]**。

[図9] プライバシーボックスを削除

宛先を設定する

次に、メールフォームの送信先を設定します。フォームレイヤーを選択し、「通知先の設定」をクリックします**[図10]**。

[図10] フォーム設定

■ 有効化する

ダッシュボードが表示されます。初回はフォームを有効化するかを訊ねられるので**「有効化する」をクリック**しましょう**[図11]**。

[図11] フォーム ダッシュボード

■ 通知先を入力

フォーム通知の送信先に、**通知したいメールアドレスを入力**します。

また、メールの受信時に件名で見分けられるように、通知メッセージ**タイトルも設定**します[図12]。

設定は自動で保存されます。設定できたら、灰色の背景エリアをクリックしてダッシュボードに戻り、**デザインエディタに移動**して、デザインを続けます。

[図12] フォーム設定（ダッシュボード）

項目名のデザインを変更する

デザイン上の項目名を編集します。

これまでのデザインと同じように、各項目名をスクリーン上でダブルクリックすると編集できます。また、**文字色を白に変更**します[図13]。

「必須」と言葉で表す方がわかりやすいので、必須を表す赤い米印のレイヤーは削除し、各項目名として「（必須）」を入力します。

[図13] 項目名のデザイン

送信ボタンのデザインを変更する

Sendをスクリーン上でダブルクリックして「送信する」に変更[図14]**1**します。

ボタンを選択し**2**、ボックススタイルで塗りから赤色を選択**3**します。また、角丸を0に変更**4**します。

[図14] 送信ボタンのデザイン

ライブプレビュー

ライブプレビュー機能を使うと、Webサイトの公開前でも、フォームからテスト送信できます。

右上の**「ライブプレビュー」をクリック**します[図15]。有効化画面が表示される場合は「スタート」をクリックします。

ライブプレビューのURLをクリックして、ページを表示してみましょう[図16]。

[図15] ライブプレビュー

[図16] ライブプレビューURL

■ フォームを送信する

ライブプレビューの画面から、内容を入力して送信します[図17]。

送信完了した旨のメッセージが画面の上部に表示されます。また、**通知先に設定したメールアドレスにメールが届きます**（自動返信メールは届きません）。

[図17] フォーム

Chapter 4

STUDIOでWebサイトを制作

199

ダッシュボードを確認する

フォームから送信された内容は、ダッシュボードでも確認できます。左上のプロジェクト名にカーソルを合わせ、フォームを選択します[図18]。

[図18] ダッシュボードへの移動

フォームで送信した内容が確認できます。
また、回答日時欄には「ライブプレビューから送信」した旨のコメントが付くため、サイトの公開後も、ライブプレビューからのテスト送信かどうかの区別がつくようになっています[図19]。

[図19] フォーム ダッシュボード

Chapter4

16

リンク、固定配置

リンクを追加して、サイト内の別のページや、他のサイトにアクセスできるようにします。また、固定配置を使って特殊なレイアウトに挑戦します。

フッターを作成

デザインエディタを開き、**テキストボックスをスクリーンに追加して「(C) くろねこ事務所」と入力**します。テキストボックスを**グループ化**して、グループの**パディング**に「8」、横幅「100%」、塗りに「#292522」を設定します。また、右パネルから**タグを<footer>に設定**します。

中に配置しているテキストボックスは、**サイズ「12」、色を白**に設定します[図1]。

[図1] フッターのデザイン

ボタンにリンクを設定する

イベント概要セクションの参加申し込みボタンにリンクを設定します。

今回は架空のリンクを設定しましょう。

申し込みボタンのボックスを選択して、右パネルを開き、**リンクの「+」をクリック**します[図2]。

Chapter 4

STUDIOでWebサイトを制作

[図2] リンク設定

■ リンク先を入力

架空のリンク先として、**ページまたは外部URL欄**[図3] **1** に「**https://nocode-book.com**」を入力し、[return]を押します。

なお、**2** には同じプロジェクト内のページの一覧が並びます。他のページにリンクしたい場合はこちらから選択すればリンクできます。

リンクを確定すると、リンク先の情報が表示されます**[図4] 1**。また、リンクを新しいタブで開くかどうかも設定できます**2**。

[図3] リンク先設定

[図4] リンク先情報

ライブプレビューを開き、リンクボタンをクリックしたときに正しくリンク先に飛べるかどうかを確認しましょう。

リンクにホバーを設定して、**カーソルを合わせた際に背景色が変わる**ようにしてみましょう。

■ ホバー編集モードに入る

申し込みボタンを選択した状態で、右上の**「条件付きスタイル」にカーソルを合わせ、**

「ホバー」を選択[図5]して、ホバースタイルの編集モードに入ります[図6]。

[図5] ホバー設定

[図6] ホバースタイル編集モード

条件付きスタイル欄に「ホバー」が表示される

■ デザインを変更する

ホバースタイル編集モードに入った状態で、**背景色を「#6C121D」に変更**します[図7]。設定できたら編集モードを抜けるために、何か別のボックス等を選択します。

[図7] ホバーデザイン

ライブプレビューを開き、ボタンにカーソルを合わせて、ホバーデザインが適用されているか確認しましょう。

できたら、今度はフォームの送信ボタンも同様の手順「ホバー編集モードに入る／デザインを変更する」で設定します。

固定配置機能を使い、**スクロールに追従して、常に画面の右下に表示される**参加申し込みボタンを作成します。

■ ボタンを複製してデザインを変更する

イベント概要セクションの**参加申し込みボタンを複製**します[図8]。

縦向きのボタンにしたいので、ボタンを選択して、**並び順を縦（↓）に変更**します **1**。また、**横幅をautoに変更**します **2**。

[図8] ボタンの設定

「参加申込」の**テキストボックスを選択**して、**文字組みを縦書きに変更**します[図9]。

[図9] テキスト設定

固定配置する

ボタンを**ウインドウの右下に固定配置するためには、ボタンの親ボックスがBaseである必要があります**。セクションの中に入っている状態

では、ウインドウに対して固定配置できません。このため、ボタンの親がBaseボックスになるように、ボタンをセクションの外に移動します。

■ レイヤーを移動する

レイヤーパネルで固定配置したいボタンを選択し、Baseボックスの直下にドラッグドロップして移動します[図10][図11]。

[図10] レイヤーの移動

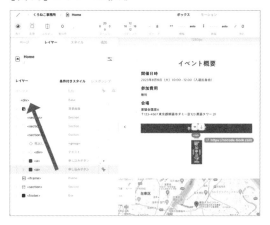

[図11] Base下への移動後

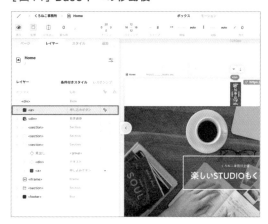

■ 固定配置する

申し込みボタンを選択して、ボックススタイルメニューの「配置」にカーソルを合わせ、「固定」を選択します[図12]。初期状態では、**ボタンが左上に固定**されます。

[図12] 固定配置設定

■ 位置を調整する

現在は位置が左から「0px」、上から「0px」の位置に表示されていいます。

スクリーン上で**申し込みボタンをドラッグして、スクリーンの右下に持ってきま**しょう[図13]。ある程度、下までドラッグし続けると、**位置の表示基準が右と下に**なります[図14]。

［図13］固定配置基準の変更

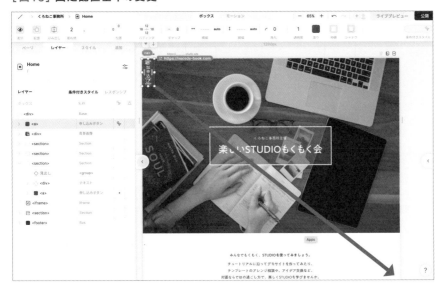

［図14］右下基準位置

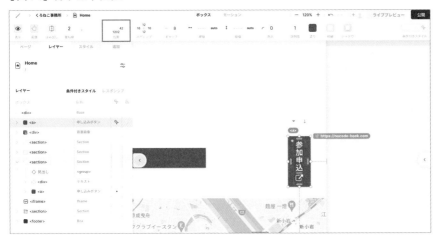

　右から「0」、下から「20」に位置を設定します［図15］。この状態でリアルタイムプレビューを開くと、ボタンがウインドウに追従するのがわかります。

［図15］位置の変更

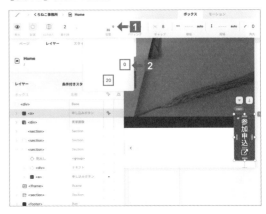

デザインを調整する

申し込みボタンをタブ風のデザインに変更します。

パディングを縦「20」、横「8」にします。角丸にカーソルを合わせ、**個別の角設定を**クリックします。四つの角それぞれに別の数値を入力できるようになるので、**左上と左下に「8」を入力**します[図16]。

[図16] タブ風デザイン

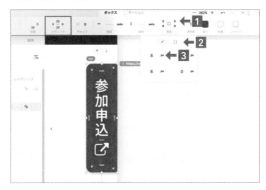

タグを調整する

メインのコンテンツを<main>タグを使って表してみましょう。

左パネルの**レイヤータブ**を開き、メインのコンテンツとなる**キービジュアル〜お問い合わせセクションまで**を Shift を押しながら**選択**します。スクリーンで右クリックして**「グループ化」を選択**します[図17]。

[図17] グループ化

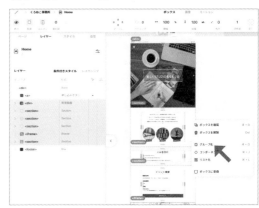

グループの**幅を100%**に設定し、右パネルから**タグを<main>に設定**します[図18]。

[図18] 横幅とタグ設定

公開前の微調整

　デザインの編集はここで終了となりますが、スマートフォン表示にした場合の文字サイズや余白サイズなど、調整できそうな箇所がいくつか残っています。

　このままでも公開可能ですが、ぜひレスポンシブ設定を行い、より見やすく、かっこよいデザインに仕上げてみましょう。

サイト設定、公開

Chapter4

17

STUDIOのサイト設定機能を利用してサムネイルを設定すると、SNS等でページをシェアした際の見た目を調整することができます。

▶ サイト設定

サイト設定では、Webサイト全体の公開用情報の設定を行えます。

左パネルの**ページタブ**、プロジェクト名の右にある**設定アイコン**をクリックします**[図1]**。

[図1] ページタブ

■ サイト設定を変更する

Webサイト全体で利用する設定を記入します。ここで設定した内容が、サイト内のページのデフォルト情報として利用されます（タイトルなどの情報の意味はP.42参照）。

ファビコンやカバー画像は、外部の画像編集ソフトなどを利用して作成したものをアップロードします。言語は、ページ内で主に利用している言語を選択します。

今回は1ページのみのサイトなので、**次に説明する「ページ設定」の内容が反映されるため、記入しなくてもOKですが**、複数ページのWebサイトを制作する場合を想定した記入例を掲載します**[図2]**。

[図2] サイト設定の変更例

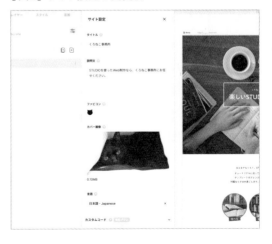

ページタブの各ページにカーソルを合わせると、右側に設定アイコンが出現します。設定アイコンをクリックして、ページ設定を行います[図3]。

[図3] ページタブ

■ ページ設定を変更する

ページの内容に合わせて、ページ設定を書き換えます[図4]。カバー画像には、キービジュアルをスクリーンショットした画像をアップロードするとよいでしょう。

[図4] ページ設定

今回は練習目的のWebサイトにつき**架空の情報を掲載**していますので、トラブルを防ぐため、検索エンジンに情報を収集されないように**Noindex設定をオン**にしておきましょう[図5]。

[図5] Noindex設定をオンにする

サイトを公開する

Webサイトを公開してみましょう。デザインエディタの右上の**公開ボタンをクリック**します[図6]。

[図6] 公開ボタン

サブドメイン名の設定画面が開きます。デフォルトではランダムな文字列が設定されているため、いったん削除し、**希望するサブドメイン名を入力**します。誰かがすでに取得済みのドメイン名は取得できず、その場合はエラー表示になりますので、別の文字列を入力します。

入力できたら、**保存**ボタンをクリックします[図7]。

[図7] サブドメイン設定

さらに、右上の**公開ボタンを押して、**Webサイトを公開します[図8]。

URLにアクセスすればページが表示されます。

[図8] 公開ボタン

ページを更新したら

何かページの内容を更新したい場合、エディタ上で内容を更新した後に、再びエディタの右上の「公開」ボタンをクリックし、表示されるパネルから「更新」をクリックします[図9]。

[図9] 更新ボタン

ライブプレビューURLと公開URLの違い

ライブプレビューは、デザインの表示確認や動作確認用のURLです。ライブプレビューでは、デザインエディター上の変更がリアルタイムに反映されますので、このURLを共有すると、作業途中の様子もすべて反映されてしまいます。

第三者にWebサイトを見せたい場合は、公開用のURLを共有します。公開用のURLでは、デザインの変更はリアルタイムで反映されず、更新ボタンを押した後に反映されます。作業途中のページを見られてしまうことはありません。

18 アニメーション、その他

Webページの演出としてアニメーション設定を追加して、躍動感のあるページを作成しましょう。

▶ メインビジュアルのアニメーション

メインビジュアルに右記のアニメーションを追加することで、まずタイトルに視線を誘導し、その後、参加申し込みボタンに誘導します。

- 背景画像を暗い状態から明るくする
- テキスト枠を光らせる
- 上記のアニメーション終了後に、参加申し込みタブが右から出てくる

■ 背景画像の明暗を変化させる

出現時のアニメーションを追加するには、アニメーションを追加したいレイヤーを選択し、条件付きスタイルから「出現時」を選択します [図1]。まず、**背景画像のレイヤーを選択**して**出現時スタイル設定モード**に入りましょう。

[図1] 背景画像の出現時スタイル設定

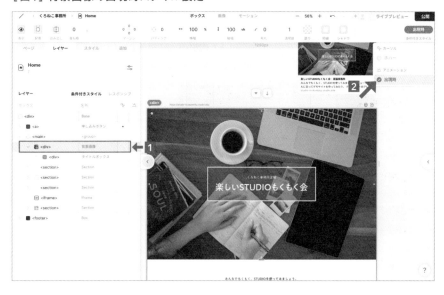

画像を暗くしたいので、画像スタイル設定メニューにて、画像の**明るさを「0.6」に設定**します[図2]。

[図2] 画像スタイル設定

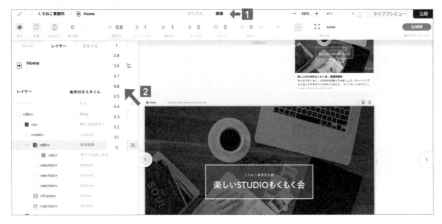

さらに、どんな風にアニメーションさせるかを設定します。**モーションスタイルメニューを開き、時間を「2000」に設定**します[図3]。これは2000ms（2秒）かけて、暗い状態から元の明るさまでアニメーションする設定です。なお、時間などの数値は、リストから選択するほか、数字部分をクリックすれば、直接、キーボードから数値を入力できます。

アニメーション設定を確定させるため、スクリーン外の灰色の部分や、ほかのレイヤーをクリックして、出現スタイルモードを解除します。

[図3] 時間設定

再び背景画像レイヤーを選択し、右上のピンクの矢印をクリックすると、スクリーン上でアニメーションを再生して動きを確認できます**[図4]**。

[図4] アニメーションの再生

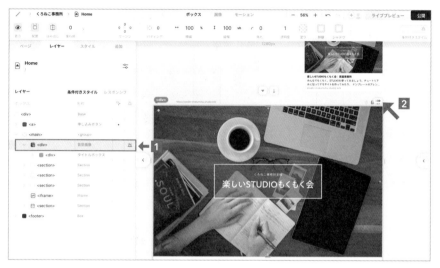

■ テキスト枠を光らせる

テキストの枠の外に白い影を追加すると、まるで枠が発光しているかのような効果を付けることができます。**タイトルボックス**のレイヤーを選択し、**出現時スタイル設定**モードに入ります**[図5]**。

[図5] ボックスの出現時スタイル設定

シャドウを選択し[図6]**1**、左から3番目のシャドウを選択します**2**。シャドウの**数値**を、x「0」、y「0」、Blur「100」、Spread「0」に設定します**3**。色は白を選びます**4**。

また、**5**のエリアでドラッグすることでも、影の位置や広がり具合を視覚的に調整できます。

[図6] シャドウ設定

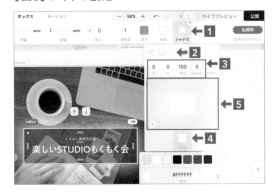

背景画像と同様に、モーションスタイルメニューから、**時間に「2000」を設定**します

[図7]。設定できたら別の場所をクリックしてアニメーションを確定します。

[図7] 時間に「2000」を設定

これまで設定した2つのアニメーションを同時に確認するには、ライブプレビューを開きます。ライブプレビューをすでに開いている場合は、リロードすると、アニメーションを確認できます。

ライブプレビューのファーストビューにはローディングが表示されるため、ローディングの再生時間のぶん、アニメーションが短く感じられることがあります。

参加申し込みタグを動かす

参加申し込みボタンが画面外から画面の中に出現するような動きを設定します。

リンクボタンのレイヤーを選択し、**出現時スタイル設定**モードに入ります[図8]。

［図8］ボックスの出現時スタイル設定

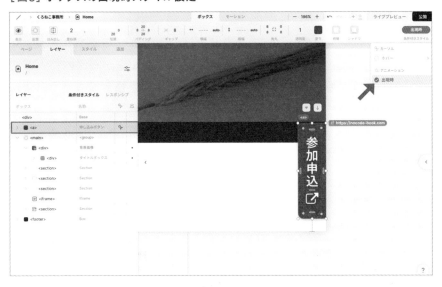

右から出現する動きを持たせるため、移動のxに「43」を設定します［図9］**1**。こうすると、ボタンが43pxぶん右に動き、画面の外に出ます。また、**時間には「1000」、遅延に「1000」**を設定します。

遅延に1000（1秒）を設定することで、背景が明るくなってタイトル枠が光り終えるぐらいのタイミングで、右タブが画面内に出現するようになります。

［図9］モーション設定

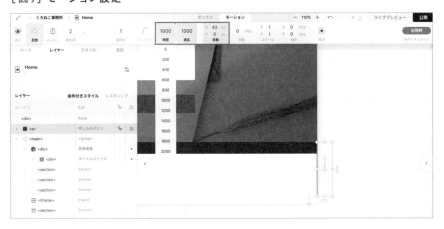

POINT

画面の外から中に出現するアニメーションを設定する場合は、ボックスの一部が1pxでもスクリーン内に入るように設定する必要があります。ボックスを完全にスクリーンの外に出してしまうと、出現時のアニメーションは再生されず、ボックスは画面の外に出たままになります。

お好みに合わせて、その他のコンテンツをふわっと出現させてみましょう。レイヤーを選択し、**出現時スタイル設定モード**に入ります。

モーションスタイルメニューにて、**透明度に「0」、時間に「600」、遅延に「300」を指定**します。透明度に0を指定することで、内容を非表示の状態にします[図10]。また、

あまりにも速いタイミングでアニメーションが再生されると、要素が画面内に入り切る前に再生が終わってしまうので、わずかに遅延を設定しています。

イージングを変更すると、アニメーションの再生時の加減速具合を変えられます。STUDIO上でイージング設定を変更し、動きの違いを体感してみましょう。

[図10] モーション設定

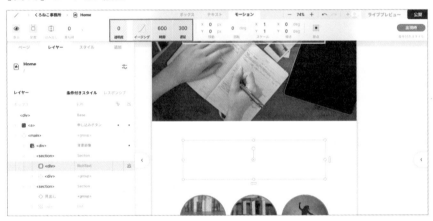

アニメーションを**複数の要素にまとめて設定**するには、[Shift]を押しながらレイヤーを複数選択し、その状態で**出現時スタイル設定モード**に入って設定します。

また、遅延時間を順に増やしていくと、要素が順番に出現するアニメーションを作ることができます[図11]。

[図11] 遅延設定をずらす

リストの場合は、リストの中の項目一つに対してアニメーションを設定すれば、同じリスト内の項目すべてに同じアニメーションを設定できます**[図12]**。

[図12] リスト項目のアニメーション設定

通常のデザイン設定と同様に、**アニメーション設定も画面幅に応じてレスポンシブ設定できます**。PC用のデザインで作成したアニメーションが、スマートフォン表示の場合には動きが大き過ぎるということも起こりえます。気になる場合は、快適な動きになるように調整しましょう。

auto、%、flex

これまでのボックスに関する設定では様々な単位を扱いました。特に、**横幅のauto、100%、flexはよく使う**設定です。

autoは、ボックスが内包しているコンテンツの大きさを横幅とする設定です**[図13]**。

[図13] 横幅auto設定

%は、親ボックスの幅を100%として、自身の割合を設定します[図14]。

[図14] 横幅%設定

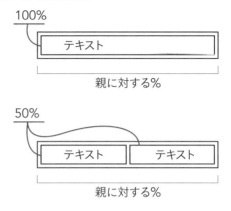

1 flexは、親ボックスから、兄弟ボックスの幅を引いた数値を自身の割合として設定します。兄弟ボックスに複数 1 flexが設定されている場合は、余った数値を等分に割り当てます[図15]。

[図15] 横幅flex設定

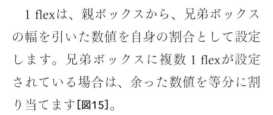

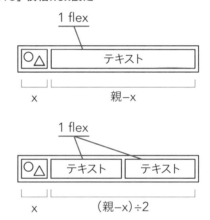

縦幅の場合、原則としてはautoに設定し、何か特別な意図がある場合にはvhやpxなどの絶対値で入力するとよいでしょう。ボックスの縦幅を手早くautoに変更するには、ボックスの下辺をダブルクリックします。

ノーコードWeb制作に役立つリンク集

▨ Wix ヘルプセンター

Wixに関する質問がまとまっています。チュートリアル的なガイド記事も豊富なので、Wixでの制作に関してはまずはここからチェックするとよいです。

https://support.wix.com/ja

▨ Wix Meetups Tokyo

（Wix公認 東京Wixユーザーコミュニティ）
Wixに関する最新情報を日本語で得られるFacebookコミュニティです。TIPSやイベント情報なども投稿されています。

https://www.facebook.com/groups/wixtokyo/

▨ ペライチヘルプ

ペライチのヘルプページです。よくある質問がまとまっているほか、問い合わせフォームやZoomでのサポートも受けられます。

https://support.peraichi.com/hc/ja

▨ WordPress フォーラム

WordPressに関する質問を投稿、回答できます。質問ログも豊富にありますので、まずは過去の投稿を検索してみるのがオススメです。

https://ja.wordpress.org/support/forums/

▨ WP-Community.jp

日本国内各地のWordPress Meetupイベントの開催情報が得られます。対面、オンライン開催両方あり、WordPressの周辺情報も得られます。

https://wp-community.jp/

▨ Funwork株式会社ブログ Webflowカテゴリー

Webflowの制作TIPSなど、詳しい情報がまとまっています。Webflow Universityの日本語版も独自掲載されています。

https://www.funwork2020.com/category/webflow

▨ Webflow Tokyo Meetup

Webflow本社から公式にサポートを受けて運営されているコミュニティです。名称は東京ですが、ライブ配信のイベントは全国から参加できます。

https://www.meetup.com/webflow-tokyo-meetup/

■ STUDIO U（STUDIO 公式ガイド）

STUDIO 公式のヘルプページです。STUDIO に関する基本的な使い方がまとまっています。記事数が多いため、キーワードで検索するのがオススメです。

https://help.studio.design/ja/

■ STUDIO Community Japan

STUDIO の公式ユーザーコミュニティです。STUDIO に関する質問を投稿・検索できるほか、活用方法を解説するオンラインイベントにも参加できます。

https://community-ja.studio.design/home

■ SmartLP ヘルプセンター

SmartLP に関するガイド記事がまとまっています。探している情報が見つからないときは、右下のアイコンからチャットサポートも受けられます。

https://help.smartlp.app/ja/

■ Notion：ヘルプとサポート

公式ヘルプセンターです。英語のコンテンツが主ですが、膨大な量の記事が用意されており、記事によっては動画でも説明があります。

https://www.notion.so/ja-jp/help

■ Notion 座談会

Notion の最新機能やコアな使い方を紹介している YouTube チャンネルです。アップデートが多い Notion に関する「実際どうなの？」を、日本語でイチ早く知れます。

https://www.youtube.com/@NotionZadankai

■ Canva 学ぶ

Canva の使い方を学べるほか、デザインのコツや、写真の撮り方やビジネスに関する TIPS まで、幅広い情報が掲載されています。

https://www.canva.com/ja_jp/learn/

■ アクセシビリティからデザインを学ぼう

Web アクセシビリティ専門家の平尾ゆうてんさんによる、アクセシビリティ入門にオススメの記事です。X アカウント（@cloud10designs）でも役立つ情報が発信されています。

https://uxmilk.jp/84998

Profile

佐藤 あゆみ (さとう・あゆみ)
株式会社 necco CTO／
フロントエンドエンジニア

1985年ニューヨーク生まれ。まもなく東京に移住し、1994年
から2年間のオーストラリアでの生活を経て、ふたたび東京へ。
1997年頃より、趣味としてWeb制作を始める。コーディングに
英語力を活かしながら、以降も独学で学ぶ。

2014年12月より、屋号「PentaPROgram（ペンタプログラム）」に
てフリーランスとして独立。Web専業ではない多様な業界の実情
を見ながら、中小企業で「ウェブ担／パソコン担当さん」として
業務を続けてきた経験を活かし、その後の運用を見据えたECサ
イトやコーポレートサイトの構築、技術サポートを行う。

2018年より、WebCAおよびCSS Nite、Bau-yaなどでフロントエ
ンド技術に関するテーマで登壇。2019年、書籍『HTMLコーダー
＆ウェブ担当者のためのWebページ高速化超入門』（技術評論社）
出版。

2022年4月、株式会社neccoのCTO／取締役に就任。2022年
以降はSTUDIOに関する登壇や、STUDIOサイト用のChrome拡
張機能の開発など、STUDIOの大ファンならではの活動を開始。
STUDIOコミュニティリワーズプログラムのゴールドメンバー。

X　　@Pentaprogram
Web　https://necco.inc/

■ 制作スタッフ

カバーデザイン　山之口 正和（OKIKATA）
本文デザイン　　山之口 正和＋齋藤友貴（OKIKATA）
編　集　　久保靖資
Ｄ Ｔ Ｐ　　クニメディア株式会社

編 集 長　　後藤憲司
担当編集　　熊谷千春

ノーコードでつくるWebサイト
ツール選定・デザイン・制作・運用が全部わかる!

2024 年 1 月 1 日　初版第 1 刷発行

著 者　　佐藤あゆみ
発行人　　山口康夫
発 行　　株式会社エムディエヌコーポレーション
　　　　　〒 101-0051　東京都千代田区神田神保町一丁目 105 番地
　　　　　https://books.MdN.co.jp/
発 売　　株式会社インプレス
　　　　　〒 101-0051　東京都千代田区神田神保町一丁目 105 番地
印刷・製本　　中央精版印刷株式会社

【カスタマーセンター】
造本には万全を期しておりますが、万一、落丁・乱丁などがございましたら、送料小社負担にてお取り替
えいたします。お手数ですが、カスタマーセンターまでご返送ください。

■ 落丁・乱丁本などのご返送先
〒 101-0051　東京都千代田区神田神保町一丁目 105 番地
株式会社エムディエヌコーポレーション カスタマーセンター
TEL：03-4334-2915

■ 書店・販売店のご注文受付
株式会社インプレス　受注センター
TEL：048-449-8040 ／ FAX：048-449-8041

■ 内容に関するお問い合わせ先
株式会社エムディエヌコーポレーション カスタマーセンター メール窓口

✉ info@MdN.co.jp

本書の内容に関するご質問は、E メールのみの受付となります。メールの件名は「ノーコードでつく
る Web サイト　質問係」、本文にはお使いのマシン環境（OS・Web ブラウザの種類・バージョン、
STUDIO のバージョンなど）をお書き添えください。電話や FAX、郵便でのご質問にはお答えできま
せん。ご質問の内容によりましては、しばらくお時間をいただく場合がございます。また、本書の範
囲を超えるご質問に関しましてはお答えいたしかねますので、あらかじめご了承ください。

ISBN978-4-295-20630-9　C3055